多维视域下的环境美学研究

崔咏莹 ◎ 著

吉林出版集团股份有限公司

图书在版编目（CIP）数据

多维视域下的环境美学研究 / 崔咏莹著. — 长春 ：
吉林出版集团股份有限公司，2023.8
ISBN 978-7-5731-4201-6

Ⅰ．①多… Ⅱ．①崔… Ⅲ．①环境科学—美学—研究
Ⅳ．①X1-05

中国国家版本馆 CIP 数据核字（2023）第 176234 号

多维视域下的环境美学研究

DUO WEI SHIYU XIA DE HUANJING MEIXUE YANJIU

著　　者	崔咏莹	
出版策划	崔文辉	
责任编辑	王诗剑	
封面设计	文　一	

出　　版　吉林出版集团股份有限公司

　　　　　（长春市福祉大路 5788 号，邮政编码：130118）

发　　行　吉林出版集团译文图书经营有限公司

　　　　　（http://shop34896900.taobao.com）

电　　话　总编办：0431-81629909　营销部：0431-81629880/81629900

印　　刷　廊坊市广阳区九洲印刷厂

开　　本　710mm×1000mm　　1/16

字　　数　205 千字

印　　张　13

版　　次　2023年8月第1版

印　　次　2024年1月第1次印刷

书　　号　ISBN 978-7-5731-4201-6

定　　价　78.00 元

如发现印装质量问题，影响阅读，请与印刷厂联系调换。电话 0316-2803040

前　言

环境美学的开拓者阿诺德·伯林特认为，环境美学虽然与其他学科交叉，但其核心是对环境的美学思考。而关于环境的界定，西方学者大多不把它与人分割开来，不仅仅是将它看成人的外部状况，而是将它与人的创造、人的生活密切联系起来。伯林特说："从某种意义上来说，环境是个内涵很大的词，因为它包括了我们制造的特别的物品和它们的物理环境以及所有与人类居住者不可分割的事物。内在和外在、意识与物质世界、人类与自然过程并不是对立的事物，而是同一事物的不同方面。人类与环境是统一体。环境当然主要指自然环境，但是它也包括人造环境。环境美学更多关注环境的宜人性，它对于人的精神上享受的意义，也就是环境的审美价值。这样，环境美学的研究就不可能是独立的，它必须从其他学科吸取营养，在相关学科研究成果的基础上搭起一座引人注目的精神的金字塔。

基于此，本书首先对中国传统美学做了概述，其次对中国传统建筑美学、环境艺术设计美学、现代城市环境设计美学进行了研究，最后对园林植物景观设计与美学表现、地下空间综合体环境设计与美学表现进行了探讨。本书可供相关领域环境美学研究人员学习、参考。

本书在编写过程中借鉴了一些专家学者的研究成果和资料，在此特向他们表示感谢。由于编写时间仓促，编写水平有限，不足之处在所难免，恳请专家和广大读者提出宝贵意见，予以批评指正，以便改进。

目　录

第一章　中国传统美学概述

第一节　中国传统美学精神的基本形态

一、中国传统美学的好文精神

"美"作为一种乐感对象，经常出现在形式之美中。悦目动听的形式美，古代谓之文饰之"文"。人们对给五官带来快感的形式美本能地具有一种喜好和热情。从夏商就产生，到周代完善繁荣的各种礼仪规定，奠定了中华美学的"好文"传统。

（一）以"文"为形式的文字学考证

"文"何以指形式美呢？这在"文"的文字学考证中可见一斑。甲骨文和小篆中"文"的构造，是交错的图文笔画。许慎《说文解字》定义："文，错画也，象交文。"徐错的《说文通论》："故于'文'，'人''乂'曰'文'。"《朱子语类》："两物相对待，故有'文'，若相离去，便不成'文'矣。"都是把"文"解释为"错画""交文"之象。《国语·郑语》所谓"物一无文"，《左传·昭公二十八年》所谓"经天纬地曰'文'"，也是此意。美籍华人学者刘若愚指出，"'文'这个象形字，最早意味着'图式''斑纹'，这是符合'文'的文字学本义的"。《毛传》："风行水成文曰'漪'。……小风，水成文，转如轮（通沦）也。"《文心雕龙·情采》："夫水性虚而沦漪结，木体实而花萼振，文附质也。"这里的"文"即图纹的"纹"。"文"，不单指可视的图纹，交错的笔画，"一切事物的交错复综均可称之曰'文'"。古代常说的"声文"便是一例。《国语·郑语》云："声一无听。"美妙的音乐必须由不同的声音元素交织组合起来才行。《乐记》云："声相应，故生变；变成方，谓之音。"郑注："方犹文章。"这"方"即不同的声音变化所遵循的规律，像"交文"一样错落有致，所以音乐叫"声文"。由于"文"的图案性，所以引申出"文饰"之义。东汉刘熙《释名》说："文者，会集众彩以成锦绣，合集众字以成辞义，如文绣然也。"据刘向《说苑·修文》："孔子见子桑伯子，子桑伯子不衣冠而处。弟子曰：'夫子何为见此人乎？'曰：'其质美而无文，吾欲说而文之。'孔子去，子桑伯子门人不说，曰：'何为见孔子乎？'曰：'其质美而文繁，吾欲说而去其文。'"扬雄《法言·吾子》或曰："'良玉不雕，美言不文，何谓也？'曰：'玉不雕，玙璠不作器；言不文，典谟不作经。'"刘勰《文心雕龙·征圣》："志足而言文，情信而辞巧，乃含章之玉牒，秉文之金科矣。"又《文心雕龙·情采》讲："衣锦褧衣，恶文太章；贲象穷白，贵乎反本。"张戒《岁寒堂诗话》说："元、白、张籍，以意为主，而失于少文。"这些引文中的"文"，都可释作"美"。当然，这是指形式之美。

（二）形式因错落有致而美

"文"的训诂学考释还揭示了形式美的规律，即错落有致。

首先要有变化。"错画"为"文"，无变化，则不成"文"，这就叫"物一无文，声一无听"。《左传·昭公二十年》以音乐为例，要求声音元素"清浊、大小、短长、疾徐、哀乐、刚柔、迟速、高下、出入、周疏"相济，而不能齐同划一。

其次，变化要有规律，即错落有致，而不可杂乱无章。古人要求声音元素的变化要"成方"，"方"即文理、规律。《左传·昭公二十年》所崇尚的"和"，《左传·襄公二十九年》记载吴公子季札欣赏颂乐时所称道的"直而不倨，曲而不屈；迩而不逼，远而不携；迁而不淫，复而不厌；哀而不愁，乐而不荒；用而不匮，广而不宣；施而不废，取而不贪；处而不底，行而不流"，即是在变化中追求规律之谓。

形式的错综变化为美，这在许多与美相关的文字释义中可找到印证。如狭义的"文章"，古人的解释是："画绘之事，青与赤谓之'文'，赤与白谓之'章'。"

（三）"文贵参差"

文学作品，古代统谓之"文"。"文"具备文饰义，故文学作品应当具有形式美。孔子说："言之无文，行而不远。""情欲信，辞欲巧。"扬雄说："诗人之赋丽以则，辞人之赋丽以淫。"曹丕说："诗赋欲丽。"陆机说："其遣言也贵妍。"刘勰说："圣贤书辞，总称文章，非采而何？"萧统总结各类文体："譬陶匏异器，并为入耳之娱；黼黻不同，俱为悦目之玩。"王世贞《艺苑卮言》："文须五色错综，乃成华采。"屠隆说："文章止要有妙趣。"袁宏道说："诗以趣为主。"刘大櫆说："文至味永，则无以加。"这里的"文""巧""丽""妍""入耳之娱""悦目之玩""趣""味"等，均是形式美的易名。

二、中华传统美学的主体精神

"美"作为乐感对象，离不开感受它的主体存在。如果乐感对象不符合主体的需要或期待，则这种乐感对象就不会被认可为美。中华传统美学又强调美在心灵意蕴的象征，这是美的价值规定的重要表现。

（一）以"心"为美价值观的考释

中国古代以"美"为心灵意蕴表现的价值观最明显、直接的例证有三条，它们分别来自西汉的刘向、东汉的许慎和宋代的邵雍。

刘向《说苑·杂言》："玉有六美，君子贵之：望之温润，近之栗（坚）理，声近徐而闻远，折而不挠，阙而不荏（柔），廉（棱角）而不刿（刺伤），有瑕必示之于外，是以贵之。望之温润者，君子比德焉；近之栗理者，君子比智焉；声近徐而闻远者，君子比义焉；廉而不刿者，君子比仁焉；有瑕必见之于外者，君子比情焉。"刘向说的"玉有六美"，均指的六种"人化精神"。

许慎《说文解字》释"玉"："石之美，有五德：润泽以温，仁之方也；鰓（音腮，角中之骨）理自外，可以知中，义之方也；其声舒扬，专以远闻，智之方也；不挠（通扰，弯曲、屈服）而折，勇之方也；锐廉而不忮，洁之方也。"玉作为一种"美石"，它的美，源于具有"仁、义、智、勇、洁""五德"。

邵雍《伊川击壤集》卷十一《善赏花吟》："人不善赏花，只爱花之貌；人或善赏花，只爱花之妙。花貌在颜色，颜色人可效；花妙在精神，精神人莫造。""妙"，指理想的美，至美。邵雍认为，"花"真正的美、至美在其寓含的"精神"。"花貌"之美只是美的表象，不会赏花的人赏花，才把兴奋点集中在"花貌"上；"精神"之美才是花之美的本质，真正懂得审美的人赏花，应当去其皮毛而取其神韵。

以上几条显证，直接向我们昭示：事物的美，不在事物自身的形质，而在事物所蕴含的人化精神。这种人化精神，大体呈现出两大形态：一类是主观精神，如许慎、刘向所说的玉石中表现的"五德""六美"；另一类是客观精神，如邵雍所说的"人莫造"的"精神"，它其实是人的心灵精神的客观化、物化、对象化。许慎、刘向、邵雍所云，可谓深得中国古代美学之精髓。以心灵表现、人化精神为美，是中国古代美学潜在的思想系统，它隐含在古代美学的"比兴"说、"神韵"说、"意味"说等理论和文艺创作中。

（二）现实美、艺术美与心灵表现之联系

中国古代以心灵表现为美的价值倾向，还具体体现在对现实美与艺术美的认识方面。关于自然美与心灵表现的联系，古人认为，"物在灵府，不在耳目""本乎形者心也""山情即我情，山性即我性"。因而，"烟云泉石，花鸟苔……寓意则灵"，自然美源于它的人格化、心灵化。清廖燕《二十七松堂集》卷八《李谦三十九秋诗题词》指出，同一自然事物，不同诗人笔下有不同的美，何以如此呢？是因为诗人"借彼物理，抒我心胸""即物而我之性情具在。然则物非物也，以我之性情变幻而成者也"。宋郭熙《林泉高致·山水训》谓："真山水之烟岚，四时不同：春山淡冶而如笑，夏山苍翠而如滴，秋山明净而如妆，冬山惨淡而如睡。"山的四时之美，正是人情的直觉外化。自然物因人化而美，这在古代确是通例。古人赞美玉，是因为玉有"五德"（许慎）、"六德"（刘向）、"九德"（管仲）；古人喜爱竹，甚至到了"不可一日无此君"的地步，是因为竹象征着清高人格；古人喜爱山水花木，是因为"石令人古，水令人远""一花一石，俱有林下风味"；古人"心事好幽偏"，是因为"幽可处休，官可观妙"，"幽偏"的山林是古人超脱的精神追求的寄托。中国古代士大夫尤其钟爱山水田园，何以如此呢？因为失意时，山水园林可作为抚慰精神创伤、寄托清高理想的冲旷怡淡之境，如宋代苏舜钦《沧浪亭记》自述："予既废而获斯境，安于冲旷，不与众驱，因之复能乎内外得失之源，沃然有得，笑闵万古……"适意时，山水田园又可作为抒发闲逸之情的最佳去处，如宋代周密《吴兴园林记》所谓"吴兴山水清远，升平日，士大夫多居之"等。正如柳宗元所揭示的那样："夫美不自美，因人而彰。"

第二节　中国传统美学体系中的设计美学

一、中国传统美学中的设计美学原则

中国传统美学深深影响了古代建筑和传统室内装饰设计，对当时的营造法则和设计理念起到了重要作用。现如今，虽然生活方式、审美特征都发生了翻天覆地的变化，人们的思想观念也发生了巨大变化，但作为中国文化瑰宝的传统美学思想在现代设计美学中仍然具有跨时代的意义。传统美学的思想精髓，将影响现代环境艺术设计的思维方式和现代人们的审美观念，丰富现代环境艺术设计精神层面的内涵。

（一）整体原则

所谓整体原则，是指设计应该以整体美作为前提，始终贯穿中国传统美学的设计美学原则。整体原则也是现代设计美学的设计审美原则和艺术创作原则。在中国古人的眼中，自然万物是一个有机整体，艺术创作的使命就是反映、展示、参悟这一整体。在中国美学史上，几乎所有的艺术家都把整体美作为艺术创作的最高追求。

"古者包羲氏之王天下也，仰则观象于天，俯则观法于地，观鸟兽之文与地之宜。近取诸身，远取诸物，于是始作八卦，以通神明之德，以类万物之情。"（《易传·系辞下传》）在这里，古人告诉我们，对天地万物的把握与体悟，应该在近处取自于自身，在远处取自于万物，采取仰观俯察的方式，多角度、全方位地表达万物的情状。

（二）生态原则

中国人历来都崇尚自然，注重人与自然的和谐共处。这些美学理念与今天所倡导的生态环保、可持续发展原则不谋而合，其目的皆是促进人与自然、人与社会、人与人之间的平等和谐发展。随着生态环境的日益恶化，人们的生态环保意识也日渐加强，在全世界人民高度提倡生态环保的今天，保护和改善自然环境已经成为人类共同迫切的任务。

1. 对和谐自然的敬畏与爱戴

对中国传统美学的研究表明，我国古代的美学家和艺术家始终都是以一种敬畏与爱戴之心来对待自然环境的。这种对自然环境敬畏与爱戴的态度，在设计美学上的具体表现就是对自然的合理运用，成为设计审美和艺术创作最基本的原则。也就是说，在中国传统美学家和艺术家的观念中，艺术创作与设计是否敬畏与爱戴自然，是决定一个对象是否具有时代审美价值的重要因素。

2. 对自然之景的欣赏之情

中国古人对大自然表现出崇拜之情，但对他们来说，大自然并不是一种凌驾于人类之上、令人恐惧的环境，而是一个可亲可近、令人赏心悦目的审美对象。从古人的文章、诗歌和绘画当中，我们可以深刻体会到他们对自然之景的欣赏之情。可以说，在中国古人眼里，自然万物时时刻刻都表现出美的特征。

3. 自然万物的平等一体

中国古代的美学家认为，自然万物与人类一样应该受到平等的尊重对待，具有存在的合理性。庄子明确指出，世间万物在本质上是一样的、平等的、没有差别可言的。我国古人是以一种同情和尊重的态度来对待自然万物的，视其如朋友一般。因此，他们很少破坏自然，总是力求适应自然。

生态环境发展观必须由生态伦理观和生态美学观共同驾驭。现代环境艺术设计首先应当尊重自然、节约能源，尊重自然是生态设计的根本，是一种人与自然环境共生意识的体现。其次要因地制宜，根据不同的地域气候特征、地理因素等条件充分利用当地的材料，延续当地的文化和风俗，将现代高新技术与地方的适用技术相结合。最后，现代环境艺术设计作为使用者与传统美学和现代设计思维交融连接的桥梁，应当在设计中尽可能地将自然环境引入室内环境中去，借助自然中清新的空气、充足的阳光来打造室内环境的生态设计，拉近人与自然的距离，充分利用自然资源，达到生态环保的目的。

（三）创新原则

中国传统美学以其独特气质而自立于世，这种气质来自一脉相承的精神和文化。创新意识是流淌在中国人血脉之中、代代相传的重要精神因素，赋予了中国传统美学特有的精神风貌。

所谓创新，即开放超越、摒弃封闭，换一种视角来看待事物，从而得到一种新的美学思路和设计风格。中国古人在很早就开始提倡艺术创作的创新意识，并且身体力行，在灿烂的中国传统文化中留下了许多不朽的传世之作及大量的文字论述。在中国古代美学家、艺术家的美学思想中，创新是中国传统美学中一个重要的审美评判标准。中国古代美学家的创新并非违背和离弃大自然的生存法则，而是顺应自然的发展，将自己的美学思想与自然相融合。中国古代不同思想派别的宗旨不同、倾向不同，创新意识的表现方式也不同，但从总体上看，中国人主张温故知新、吐故纳新。

（四）人性原则

纵观中国传统美学的发展历程，其中非常突出的特点就是始终关注人、重视人、崇尚人。兴观群怨、大道为美、妙悟、意境等理论观点，都是围绕着人的性情与人格精神等方面提出的。在这种美学思想引导下的艺术创作，充满了对人性情感精神的关注和对生命价值的肯定。中国传统美学的这种人本主义情怀，对今天甚嚣尘上的重物不重人的消费主义倾向，无疑可以起到一种纠偏指明的作用。对于现代环境艺术设计创建、完善人文精神，营造具有中国特色的现代环境艺术设计文化，是一笔十分宝贵的思想财富。

环境艺术设计的最终目的是供人居住和使用，以人为本就是在进行环境艺术设计的时候把人的因素放在首要位置，处处为人着想。这种设计思想与中国传统美学中的人本主义情怀在本质上是相通的。设计师要根据现代人的情感需求和审美要求进行设计创作。由于生理和心理需求、生活习惯、文化层次、阅历等不同，人们对环境艺术设计的需求也不尽相同。将人本主义融入现代环境艺术设计中，不仅能够体现出中国传统美学的精髓，更重要的也是现代人对情感和审美追逐的过程中所产生的必然结果。

以人为本的现代环境艺术设计思想除了要关注不同消费者心理和生理上的需求，给他们提供更便利、更舒适的工作和生活环境，在精神上给予他们体贴与关怀之外，还要考虑到环境空间使用的特殊人群（老年人、儿童等）。这类人群具有特殊的使用要求和消费心理，因此设计师在规划休闲、娱乐等公共空间的室内环境时，要将这些特殊人群的需求考虑进去，让他们在便利使用空间的同时也能够感受到社会的温暖。

（五）统一原则

中国传统美学中的尽善尽美、文质彬彬向后人呈现出形式与内容的关系，只有将美与善相统一，才能达到艺术创作的最高境界。在中国传统建筑设计中，我们可以普遍看到建筑的结构部件所表现的双重作用，即在起到支撑和连接作用的同时，又具有非凡的装饰效果。可见，中国古人对美的追求不是只停留在浅显表面，而是将美与功能相结合，赋予美实质、内涵。

在现代环境艺术设计中，建筑的结构部件已经很少暴露在外面，我们也无须给结构部件予以装饰。但基于古人这种形式与功能的统一原则，在现代环境艺术设计中应注重功能美与形式美的统一。功能美是形式美的前提和基础，形式美是功能美的增强体现。环境艺术设计的主要目的在于为人们的生存与活动创造一个理想的场所，不仅要具有高舒适度与高科技化的实用功能，还要在表现形式方面给人以美的感受。不能单纯追求形式或突出技术而影响或破坏其实用功能，也不能只有实用功能而忽视了其外在形式所能唤起的人们的审美感受和审美需求。

（六）适度原则

中国传统美学中的中庸思想一直影响着中国文化的发展，并占据着统治地位。这种中庸思想要求凡事都要进行限度限制，不能"不过"，也不能"太过"，要适度。在现代环境艺术设计中，设计师也要把握好这个度，在装饰上既不能过于烦琐，也不能过于简单，在尺度和色彩等方面也要考虑均衡，根据实际情况来把握尺度。马姆斯登说过："适度则久存，极端则失败。"这亦表明在设计中要把握好适度原则。

可以说，中国传统美学反映出的这些现代设计美学原则都是相辅相成的，一种原则的体现需要其他原则的支持才能达到最佳效果，才能达到设计最根本的目的。在建筑与室内设计不断发展的今天，丰富环境艺术设计精神内涵的方法与原则还处于不断的探索与实践中。

二、中国传统美学的继承方式

现代环境艺术设计思维的变化如同对时尚潮流的追逐，不断推陈出新。现代人对环境艺术设计的需求也越来越丰富化、高度化、全面化，在形式上要求富于创新，在精神上要求具有文化内涵。这就需要我们将中国传统美学作为现代环境艺术设计的支撑点，从中汲取精华。今天的环境艺术设计是一个需要强调历史延续、倡导民族性、赋予文化内涵的设计，所以现代环境艺术设计对中国传统美学的继承方式应当是批判、传承、创新、汲取、学习等，从而在现代环境艺术设计中达到古今结合、古为今用，以今为主、为今所用，中西结合、西为中用，以中为主、为中所用的目的。

（一）去糟粕，取精华

每一个事物都有两面性，在分析事物时要从整体出发，不能片面看待问题。文化、民族风情、地域差异造就了我们这个多元化的世界，设计师要抓住不同人的文化修养、性格特点去完成每一件优秀的设计作品。设计必须坚持创新，在传承中国传统美学思想时，吸收其精华部分，摒弃其糟粕部分。不能盲目重复古人的设计手段，不可一味地摒弃传统，在尊重历史的基础上有选择地传承中国传统美学，不断满足人们的需求。设计不是机械的拼凑、收集，只有了解时代特点、个性需求，才能将精髓融入现代环境艺术设计中，才能不断进步。

现代环境艺术设计在长期的发展过程中，根据不同地域、不同民族风情和文化底蕴，形成了各式各样的风格和流派。我们在吸收借鉴古人的传统美学设计理念时，应该做到推陈出新，革故鼎新，去其糟粕，取其精华，因地制宜，使每一个元素都发挥其作用。

（二）综合与创新

综合包括两个方面的含义：一是在对中西文化的对比研究中，比较中西美学思想的区别，把握中西文化的不同特点。二是对中西美学进行仔细辨别，根据时代要求，将中西美学的先进思想有机地结合起来，应用到现代环境艺术设计之中。

创新是指在综合基础上的一种新的艺术创造，是根据社会发展、历史进步和时代要求所进行的一种崭新的艺术创造。对中国传统美学的创新，要根据现代技术与材料的发展程度，现代环境艺术设计中人与人、人与物、物与物的关系，将中国传统美学思想进行升华，进而将其融入现代环境艺术设计中。如对古人整体意识的创新，表现在现代环境艺术设计中即是室内与家具的一体化设计、整体情调的营造等。我们也可以将古人在造园中借景、移步换景等的设计手法应用到现代环境艺术设计当中，这都是对中国传统美学的创新继承。

第二章 中国传统建筑的美学研究

建筑是人们基于实用需要，利用自然材料或人工材料按照美的规律营造的空间与实体，人们在营造过程中倾注了自己的审美理想，从而使建筑物成为具有审美价值的艺术品。在所有具有实用价值的艺术作品中，建筑所包含的文化内涵最丰富、审美价值最高。

建筑艺术审美价值的实现依托主体和客体的相互作用，客体所具有的审美功能是审美价值的基础，它决定审美价值的一般特性。无论是埃及的金字塔、希腊的庙宇、欧洲的哥特式教堂、文艺复兴时期的古典主义代表性建筑，还是近现代的精品建筑，它们的共同特点都是聚焦了所处时代的艺术理想，凝结了最富创造力和想象力的才思，同时实践了艺术创作和审美欣赏的一般规律。中国传统建筑是包容民族、社区集体记忆与审美情结的空间场域和实体，是和自然、社会、历史、民俗结合得最为紧密的艺术，其审美价值与中华民族特有的审美理想、趣味和审美方式等紧密相关。建筑是空间与造型的艺术，而空间的构成也是物质形体及其位置关系安排的结果。归根结底，建筑离不开形体，形体是可以触摸和把握的审美对象，遵循美的法则，人类在创造建筑时遵循和活用这些法则，从而使建筑赏心悦目。

第一节 材料美学

建筑风格往往取决于材料及其结构方式的选择，这也是中西建筑文化迥异的一个重要因素。材料是建筑艺术的物质基础，材料的应用反映了生产力发展的不同水平，人们最初是利用石、木、土、草、皮革等天然材料，以后又有了混凝土、铁、玻璃等。19 世纪后，钢铁生产技术的出现引起了第二次工业革命，并在世界范围内推动了新建筑的产生。20 世纪以后，科学技术和材料技术飞速发展，高分子材料、人工合成材料的应用引发了建筑结构与外观形式的巨大变化。材料美是建筑一种与生俱来的品质，现代建筑材料丰富多样，为建筑的表现力增加了多种可能性。任何一种材料都有其独特的性格和特点，如重量感、质感、亮度等。相对而言，由于古代的传统建筑大多使用天然材料，如石、土（延展至砖、瓦、陶等）、木、竹、草等，因而普遍具有自然美、朴素美等特征。

一、材质与肌理

对材料的选择、应用、加工需要建立在对材料的了解和认识基础上，如材料的强度、重量、加工工艺、经济性、质地、色泽和肌理等。中国传统建筑大部分是以木材、石材、土（包括烧结而成的砖瓦）为主要原材料，基于对这些材料性能、加工方式的了解和掌握，建筑行业分化出木匠、瓦匠、石匠等不同的工种和艺人。经过长期的探索和经验积累，他们将每种材料的特性和表现力深入发掘，并加以利用和展示，达到美的极致。

中国古典建筑由屋顶、屋身、台基三大部分构成。屋身是人们采用木材构建的结构框架，也是人们日常活动起居的空间场所，木材天然的材质特性使得中国传统建筑空间洋溢着亲切宜人的气息。木材的选择和处理首先需要考虑木材的强度、习性，以及是否易于采伐和便于加工，同时也要顾及当地气候条件对木材的影响。因为木材会腐朽和遭遇虫害而影响建筑安全，人们通常会选用质地坚硬且有特殊味道的树种，如铁力木（东京木）、楠木、黄樟、红椿、酸枝、杉木等，这是人们在长期的经验积累中对木材的认知，如民谚有"柏木从内腐到外，杉木由外腐到内"等说法。室外暴露的木构件经风吹日晒易产生皱纹、裂缝、起翘等，日积月累则会逐渐解体，丧失强度，这是由于木材表面和内层的木质纤维受到干湿冷热的影响，产生了压缩与伸张应力的交替变化，使木构件遭受重复的尺度改变所致。此外，紫外线和氧气产生的化学变化也是木材风化的原因之一。因此，有经验的工匠会根据建筑的不同部位而使用不同的木材，以故宫为例：柱子多用楠木、东北松、柚木，梁架多用楠木、黄松，橡檩望板多用杉木，角梁、门窗、台框多用樟木，脊檩及相邻构件多用柏木。杉木暴露在空气中不易被腐蚀，柳木、柏木、红松埋在水土中较难腐朽，民间有"水浸千年松，搁起万年杉"的说法。为了防蚁、防腐，通常还要对木料进行特殊的灭菌处理，如浇桐油；或者放入石灰水、海水、盐水、明矾水中浸泡，甚至用开水煮；或者刷涂料和油漆，涂料中有赭石、土黄、白垩、土红，还常掺杂含毒防虫的朱砂、铅丹、石青、石绿、雄黄等；或者烟熏和焦炙，经过烟熏的构件客观上可以控制菌虫的繁殖，如民间有用谷糠锯末烟熏构件使房子寿命更长的做法。经过处理，木材在性能、质感和色泽上不同程度地发生了一些变化，也产生了相应的装饰效果。

北方皇家建筑的木构件多施用油漆彩绘，由于油漆本身最初亦来源于植物，与木材有着天然的亲和性，因而二者互为表里，并不影响木材本身的质感，反而彰显了木材柔和、细腻、温润的一面，使居家宅邸更加温馨宜居，宫廷建筑尤显富丽堂皇。也有一些纪念性建筑如寺庙、祠堂，为表现肃穆沉静的气氛而不施彩绘，以木材本色和肌理作为表现手段，营造独特的空间气氛，如唐宋时期留存下来的佛殿，内部木构件大多为木本色或单一朱色，古拙质朴。明长陵的楠木殿，通体采用楠木建造，色泽沉着，质地坚实，表现了纪念性建筑应有的性格。近年复建和仿建的古典建筑如香港志莲净苑、徽州府衙建筑，也均采用楠木或菲律宾杉木建造，通体不施油漆彩绘，充分表现木材自身的色泽纹理，端庄高雅。在中国的江南和西南地区，民间的木构建筑常常不施油饰粉黛，将木材的原色、肌理展露无遗，与石、土、瓦等其他天然建筑材料结合得浑然一体，表现了民间建筑的朴实无华。由于木材易于加工，相对精细的木质构件，与坚实粗犷的石材及黏土烧制的建筑材料形成粗细、软硬、冷暖的对比，具有很好的表现力和装饰效果。

石材也是建筑的主要用材，是原始的建筑材料之一，其坚固耐久、防火防腐的特性使它的应用范围极为广泛，如藏羌雕房都是以石材为主要建筑材料建造的。石材辅之以石结构技术和打磨雕刻等装饰手段，具有极强的造型能力和艺术表现力。在西方建筑中，从古埃及、古希腊、古罗马到欧洲文艺复兴及至近代，石材几乎是建筑的全部表皮和表情，建筑被誉为石头的史书，记录和诉说着历史的变迁和各个时代的辉煌。中国的古典建筑中，石材的应用相对有限，它们主要被用于台基、栏杆、柱础、抱鼓石、墙体中的重要位置，也是建筑中易于磨损、碰撞的地方；或者用于视觉的焦点部位，起到画龙点睛的作用，最大限度地发挥石材应有的作用。柱础是构件与地面交接的部位，也是视觉的焦点，采用石制柱础充分利用了石材材质稳固、负重的特性，而雕饰更将石材的表现力发挥到了极致。南方有一些祠堂、宅邸的前廊采用石柱梁取代木构件，取得了极佳的对比效果，同时营造了南方特有的清新洁爽的气象。也有一些建筑作品是全石材构筑的，如石牌坊、石碑、石幢、石塔、石桥等，它们虽然在形制上多模仿木质结构，但由于石材自身的材质特点，加工后成了室外环境特有的建筑装置，具有一种天然的高贵气质，发挥了石构建筑特有的魅力。经过岁月的浸润和剥蚀，建筑更增添了厚重感、历史感和沧桑感，如北京十三陵神道上的石牌坊、徽州古村落的石牌坊等。

由于石质本身的差异，石材也有不同的性格和表现力，如青白石质朴而清爽，红砂岩温润而粗粝，花岗石坚实而刚硬，大理石精细而华丽，汉白玉高贵而素洁等。现代建筑中使用的建筑石材更是品种繁多，色彩纷呈。使用石材时应该根据石材的性情加以甄别，同时也需考虑产地和运输因素，石材的开采、加工费时费力，因而就地取材最佳，并且有助于营造地方风格。如衢州生产红砂岩，衢州古城即采用地方石材建造城池，古朴斑驳的岩石在晚霞余晖中泛出金色光芒，营造出特色鲜明的古城风韵。以故宫为代表的皇家建筑，使用北京特产的汉白玉，晶莹如玉，洁白无瑕，使建筑平添了高贵圣洁的气象。在中国古典园林中，石头还被作为掇山的材料，营造山水景致和环境氛围。石头的品相不同，经营出的气象与意境也随之不同，如黄石方正厚重，性格浓烈，气宇轩昂，适合北方皇家园林和富有主体意境的景区；青石含蓄平实，适合私家园林营造雅逸清幽的景致；太湖石玲珑婉约，瘦透漏皱，尤显江南风韵。

土在古代是世界各国普遍应用的建筑材料，尤其干燥少雨且石材与木材稀缺的地区，及至今日，中国一些地区也仍在使用土坯和夯土作为墙体围护结构和屋顶材料，依此形成了独具特色的建筑形象。中国人称建筑为土木工程，有所谓"土木之工，不可擅动"的说法，原因就在于古时人们建造建筑的材料主要是土与木，早期的台基、围墙都离不开夯土，北方干旱地区的建筑常采用夯实的草泥或三合土，至今如新疆、福建、四川等地区的一些村落民居还使用夯土或土坯为墙体材料，典型的如福建土楼、闽东和赣南的民居、川北的羌族夯土碉楼、彝族的土掌房、维吾尔族的阿依旺赛来土坯房等。采用夯土墙作为围护结构是乡村民居常见的做法，土一般选用掺杂稻草的黄土或三合土，夯筑密实，表面呈现凸凹不平的肌理，容易吸纳光线，在阳光照射下呈金黄色，十分沉着厚重，与深灰色的屋瓦和栗色的门窗构成强烈对比，既朴实又生动。建于明朝的汶川布瓦寨黄土碉楼是典型的夯土建筑，已经历多次地震和战争的考验耸立至今。一座十几层高的土碉楼常常要十几年才能建造完成，建造时每年只夯筑一层，以保证结构稳定，次年夯筑的土体在干缩过程中与上一年夯筑土体的接触面会自动"撕开"，且上一年夯筑土体表面薄薄的风化层又会促进这条缝隙的形成，这是一个"滑动减震缝"的构造。每层夯筑时，在碉墙每面下部两端加设木板，当地震到来时，这些木板可像滑雪板一样，带着上部土体滑动以削减震能。四面墙体在转角处做榫卯式搭接，可以保证四方来的地震波都有一个对应方向的阻力，以防止墙体被甩垮。遇上地震时，每层楼既可以水平"滑动"，迅速使震波衰减，又可以"手拉手"，防止结构变形。汶川地震时，汶川县城的许多钢筋混凝土高楼七倾八倒，而高达数十米的夯土碉楼依然保存完好。

砖与瓦是人类运用智慧创造的最早的人工建筑材料，既轻巧灵便，又保留了自然材料的质朴与平实。因为是以土为原材料烧结加工而成，因而砖、瓦与自然材料的木、石十分融合。砖的平整和砌筑感、瓦的轻盈和铺装的条理性都给建筑带来了浓浓的人情味和亲切感。瓦有灰瓦、琉璃瓦之分，砖也有青砖、琉璃砖之分。由于琉璃制品较为贵重，一般被用于皇家建筑及较重要的寺院、坛庙之中，富丽堂皇，光彩夺目。从北京景山万春亭鸟瞰故宫，一片黄灿灿的琉璃屋面犹如浮光跃金，在老北京四合院民居灰砖灰瓦的背景映衬中，凸显皇权的至上和神圣。除了木石土和砖瓦这些最基本的建筑材料外，一些地区也会因地制宜地使用当地材料建造房屋，显示出了浓郁的地方风格和乡土格调，如山东胶东半岛的渔村使用海草葺顶的海草房，海南黎族使用稻草葺顶的船屋。云南西双版纳的傣族用当地生产的竹子建造房屋别有一番韵味；藏族的宫殿和寺院喜用鎏金的铜板做成歇山式屋顶，用经幡装饰藏式平屋顶，用编排整齐的红柳束装点建筑的檐口，也取得了极佳的视觉效果。此外，采用一些织物和金属构件、陶制构件装饰建筑的墙面、檐口、山尖、脊背等做法，更表现出人们准确地把握了这些材料的特点，并能加以熟练运用。

二、生态观念

建筑材料的应用与人们的生态观及审美态度有着密切联系。古代人们有一种朴素的生态观念，即万物和谐，共生共存，且这种相互依存的状态和景象本身具有一种天然的和谐美。当今时代，生态、节能、绿色、环保已然是关系人类健康生存的必然选择，建筑是与此相关的重要部类和领域。建筑材料及其结构方式的选择随着人类生态观的改变发生了深刻变化，同时也更新着人们对美的思考和定义。传统建筑在许多方面所体现的人类与自然和谐相处的精神，对我们今天有很大的启迪。

中国的民间建筑多是就地取材、因材施用，从而创造了各个地区既节能环保又各具特色的结构方式和建筑样式，如贵州布依族的石板房等。

贵州山地土层瘠薄，素有"八山一水一分田"之说，不宜发展用土量较大的黏土砖及夯土墙，加之交通闭塞运输不便，也难以引进异地建筑材料，因此当地盛产的页岩石材成为必然选择。这种石材不但具有一般石材经久耐用、可循环使用且不增加生态环境系统负担的优点，还具有热稳定性、不透水性、耐火性等，加之硬度适中，易于开采和加工，故而成为当地最佳的传统建筑材料。安顺、镇宁、关岭、普定和六枝一带的布依族就地取材，建造出了由一幢幢石板房组成的石头村寨，即"石片当瓦盖"的石板房，成为贵州的"八大怪"之一。这种石板房以石条或石块砌墙，墙可垒5~6米高，以石板盖顶，铺成整齐的菱形或随料铺成鳞纹。除檩条、椽子是木料外，其余全是石料，甚至家用的桌、凳、灶、钵都是石头凿的，可谓把石头用到了极致。石板房冬暖夏凉，防潮防火，淳朴至真，生态宜居，可谓源于自然，又融于自然。

在中国的豫西和晋南的黄土塬上，地窨或地坑院建筑也将生态建筑发挥到了极致，同时是生态建筑的典型范例。该地区海拔高，风沙大，"一年一场风，初一到年终"，加之气候干旱少雨，木料和石块稀缺，老百姓自古便发明了在平地上挖坑，然后在坑内四壁掏窑洞的合院式窑洞建筑，以防御自然灾害、实现安居乐业。故当地有民谣曰："上山不见山，入村不见村。平地起炊烟，忽闻鸡犬声。"从地质学角度和黄土生成的年代分析，黄土一般从浅至深可分为马兰黄土、离石黄土、午城黄土，窑洞大多开挖于离石黄土与马兰黄土两种黄土层中。离石黄土层存有密度均匀的料姜石，在挖掘后形成的外露断面中起到增加强度和硬度的作用。豫西和晋南地区雨量偏少，空气湿度相对较小，地下水位较深，土壤中碳酸钠保留成分较多，土壤具有较强的抗风化、抗渗水等性能，土层因垂直纹理和结构均匀致密而不易坍塌，十分利于地坑窑洞的开挖。由于黄土具有保湿、储能、隔热及自身调节小气候的功能，因而建造的窑洞具有"冬暖夏凉，保湿恒温"的独特优势，这一建筑形式被广泛采用，并延续下来，至今仍为广大窑居者所称道。

民间的传统建筑不但依存于自然生态，还依存于文化生态，即人们的生活方式、风俗习惯以及建筑材料的加工与建筑的营造方式等。在传统中国，建筑与自然生态和人文生态结成一条完整的生态链，构成一种文化形态，创建出真正可持续发展的生态家园。

第二节　技术美学

建筑是艺术之母，这基于两重含义：一是古代的雕塑、壁画、装饰等艺术多附丽于建筑，依托建筑母体而生存；二是无论传统手工技艺还是现当代工艺美术都与建筑有不解之缘，其缘起及理念都与建筑设计之道息息相关。建筑艺术是内涵最丰富、覆盖最宽泛、技术最复杂的艺术，近现代发展起来的科学美学、技术美学在古代建筑中已孕育成长。建筑不是建筑材料的随意拼装组合，而是以一定的结构方式进行的建构，这种建构依据的是人们对自然规律的理解和科学知识的应用。"一个技术上完善的作品，有可能在艺术上效果甚差，但是，无论是古代还是现代，却没有一个从美学观点上公认的杰作而在技术上却不是一个优秀的作品的。"就建筑而言，技术美包含了结构美、工艺美，同时也关联着建筑的功能与形式。技术美的核心是科学、理性、逻辑之美，建筑是为了满足人们的物质需要和使用而建造的，它包含着人们设定的某种目的，即所谓的合目的性。我们可以说，科学技术的发展已经使得一切人工制品渗透了科学理性，这种科学理性与美的本质不但不冲突，而且在更高层次上浑然一体，展现出人类的审美理想。建筑是人们建造活动的物化形式，凝聚了人的创造和智慧，技术美打破了传统艺术独占美学圣殿的藩篱，将美学引向现实生活，引向生产劳动。人是按照美的规律进行创造的，换句话说，对美的规律的追求与对科学技术最高境界的探索将是完美的统一。

一、结构美学

结构是建筑材料或构件的结合与构筑方式，任何一种建筑实体或者建筑空间都是依照一定的力学原理组成的结构系统。建筑离不开技术支撑，特别是结构技术的支撑，结构方式的合理与否直接影响着材料及空间利用率。结构美是技术美的技术支撑，技术美的基础是合理性、可行性、适用性，由此表现出合规律性与合目的性。对结构技术的处理一般有两种观念和手法：一种是将结构技术隐匿在造型之中，对建筑采用表皮化处理；另一种是将建筑结构作为造型手段加以暴露和展示，甚至适当强调和夸张，张扬建筑艺术的技术含量和科学含量，赞美人类的智慧与创造力。在建筑艺术史中，古罗马时期、哥特时期以及文艺复兴时期的拱券结构和穹顶结构技术在艺术和美学上都取得了重大成就。在当代建筑中，大空间、大跨度、超高层建筑及异形建筑结构技术也同样构成了建筑艺术的重要组成部分。

1. 结构与理性

结构的选择表现出古代先民的科学精神和逻辑理性。中国是一个多地震国家，抗震是营造需要考虑的要素之一。中国古代木构建筑一般能经受九级烈度的考验，原因在于传统建筑形体简单，中心对称，质量中心与刚度中心重合，不易产生扭矩。中国木构建筑采用了框架结构体系，如徽州民居的主体建筑一般为三开间两层楼，结构方式以穿枋、柱、梁等组成木框架，周围的木门窗、木墙、砖墙仅起填充和维护作用。木构架多以榫卯连接，使独立的、松散的木构件紧密结合，组成承受荷载的完整结构体系。由于榫卯结构具有柔性特点，整个木结构具有良好的伸缩性，因而具有很好的抗震性能。

从现有的实物考察，现存的木结构古建筑历经长期的考验而保存至今，充分显示了榫卯结构的可靠性。徽州建筑的外墙多为空斗砖，中填碎石泥土或土坯，俗称"灌斗墙"。为了通风防腐，砖墙与木构架之间一般留有空隙，通过铁活、木条、榫头砖与木构架的柱、枋拉结在一起。除自重外，墙体不承担竖向荷载。柱与柱础多为浮摆式平面接触，即柱子浮摆平搁于柱础上，依靠柱底平面与柱础表面的摩擦力限制柱底的滑移，但可以允许地震水平荷载的相应位移，从而避免柱脚刚性折断。此外，柱头上的斗拱也可有效降低地震冲击，斗拱构件可以起到垫托、连接和杠杆的作用。此外，侧脚和生起的做法也都可以起到抗震的作用。

2. 结构与构造

构造即木构件组合方式，是使中国传统木结构体系得以实现的技术条件。由于构件受力、所处位置不同，组合方式也是异彩纷呈，折射出匠人的智慧与巧思。翼角是木构建筑构造中较为复杂的部位，也是大木作中制作难度最大、专业技艺要求最高的部位之一，尤需细心设计，精心装配。比如，椽子不但要由90°向45°递进斜排，还要逐渐扭转翘起出际，融复杂、精确、工巧为一体，没有纯熟的技艺和多年的实践经验是很难胜任的。江南地区的翼角更是别出心裁，称为发戗，檐角高翘若象鼻，轻灵飘逸如凤尾，成为江南建筑风格的典型代表。从构造上看，发戗又可以分为嫩戗发戗和水戗发戗两种，这是苏州香山帮建筑最为显著的特征。水戗发戗的构造较简单，木构件本身并不起翘，仅在戗脊的端部翘起。嫩戗发戗的构造较为复杂，是在老戗的下端斜插入嫩戗，形成很大的起翘。戗角的木构件，除了结构层的老戗、嫩戗、摔网椽、立脚飞椽之外，被归结为"五板五木"，"五木"指菱角木、扁担木、孩儿木、戗山木和高里口木，"五板"则包括遮椽板、瓦口板、摔望板、卷戗板和鳌壳板。

斗拱既有结构和构造功能，也有尺度和装饰功能，由于处于承重构件的连接部位，同时又是柱梁构件的延伸，位置重要，构造复杂，含义丰富，因而是营造技艺重点表现的对象，也是手工艺时代中国传统木构建筑的精髓。从某种角度而言，读懂斗拱可读懂中国建筑的核心要义，斗拱繁复的专有名称反映了它的复杂性，如唐宋时期称铺作，明清时期称斗拱，南方也有称牌科的。斗拱的组成构件有斗、拱、昂、翘等多种类型，组合方式亦让人眼花缭乱，安装工艺精准奇妙。斗拱的加工极为精细且具装饰性，如斗的下半部加工为内凹的形式，拱的端部加工为转折的曲线，易加工为琴面或劈竹的形式等。南方地区更将斗拱的形式加以发挥变异，有的做成蜘蛛造型，有的做成蜂窝、雀巢的式样，如庐陵的祠堂等建筑中有一种人称鹊巢宫的屋顶构造，其屋顶就是由数百块木质的圆形雕花构件组成类似斗拱的构造，层层出跳。鹊巢宫安装时，里七层，外七层，层层相接，环环相扣，严丝合缝，浑然一体。远远望去，屋顶宛如一个倒扣的硕大鹊巢，其结构之严谨，工艺之精细，风格之雄奇，令人赞叹。

二、工艺美

严格意义上说，传统建筑是一种手工艺品，只不过它集合了各种手工技艺，不但展示了每种手工技艺的绝技，同时也遵循了手工艺品的一般审美规律，全面地体现了"天有时，地有气，材有美，工有巧，合此四者，然后可以为良"的传统造物原则。

1. 分工与合作

古之建造称为营造，反映了中国传统建筑技术与艺术高度统一的特征。成书于春秋战国时期的《周礼·考工记》曾按照材料和加工对象的不同将百工归结为"攻木之工""攻金之工""攻皮之工""设色（彩绘染色）之工""刮摩（雕刻琢磨）之工""抟埴（陶瓦）之工"等六大类 30 个不同工种。唐宋时期，营造业已经有细致的分工，如石、大木、小木、彩画、砖、瓦、窑、泥、雕、镟、锯、竹等作。明清时期，建造更细分为大木作、装修作（门窗隔扇、小木作）、石作、瓦作、土作（土工）、搭材作（架子工、扎彩、棚匠）、铜铁作、油作（油漆）、画作（彩画）、裱糊作等。各个地方自成流派与体系，如徽州建筑业较为发达，在营造界形成"徽州帮"，主要由砖、木、石、铁、窑五色匠人组成。

传统营造业通常以木作和瓦作为主，集多工种于一体。在营建前期，一般由木作作头（大木匠、主墨师傅）与业主商定建筑的等级、形制、样式，并控制建筑的总体尺寸。营造过程中，木作作头（为主）和瓦作作头（为辅）是整个工程的组织者和管理者，控制施工的进度和各工种间的配合。各工种师傅和工匠各司其职，保证工程有条不紊地进行。从开始的"定侧样""制作丈杆"到木作、瓦作、石作等各作构件的加工和组装，以及完工后的油漆彩画，整个施工工艺流程由作头指挥，形成非常成熟的施工系统和科学流程。建筑工程就如一台精密的机器，对建筑美的欣赏即是对这种多工种配合、多工艺交织的技术美和劳动美的礼赞。

"技艺"包含了技能、技术、工艺、技巧等多重内容。技能是通过后天训练而获得的一种完成设定目标或任务的能力，如对建造、修缮、维护等技术的熟练掌握。技术是因应人的需要而创造的手段、方法的总和，包括工艺、经验、材料、工具的系统知识，也包括防灾减灾、趋利避害、宜居便生的知识及其技术措施。例如，室外暴露的木构件经风吹日晒易产生皱纹、裂缝、起翘等，于是古代工匠发明了多种方法对木材进行处理，包括地仗做法，并催生出一种复杂而精细的工艺，以保护承重的木构件，使之受力稳定并美观洁净。为人们所称道的彩画通常吸引我们的是鲜亮的颜色、丰富的图案、生动的故事，然而更具工艺价值的是彩画下面被称为地仗的油作。油作，特别是北方的油饰工艺，可以避免木构件产生干裂，持久耐用，同时使构件表面平整美观。

2. 制作与安装工艺

对构件的精心设计、精细加工、精确安装，有着视觉上的享受。无论是大木作中对梭柱、月梁的处理，小木作中对藻井、隔扇、门罩的制作，还是对砖石仿木结构的精准加工，都表现出工匠对技艺的孜孜以求和崇敬，以及对工艺美的自觉和敬畏。"工巧"二字可以典型地概括这种感知、自觉和坚守。对工艺精益求精也是对劳动的赞美，展示了人专注于某一对象而倾注其全部心力和才智达于极限的一种自我价值的实现过程。在苏州园林厅堂建筑的木作加工、徽州祠堂的大木制作加工以及潮汕民居室内装饰构件的加工中，人们都能感到工匠对营造工作投入的热情和对自身精湛技艺的自豪。

手工作品中沉淀的"工"越深厚，其工艺价值就越高，因为其中花费了构思、劳作等大量工时，一座精美的建筑就是一件硕大的手工技艺作品，往往需殚精竭虑、经年累月才能完成。留园最大的建筑五峰仙馆采用楠木建造，故又称楠木厅，厅内空间高深宽敞，从木作装修到瓦石装饰，无不精雕细琢，细致雅洁，是厅堂建筑中的精品，有"江南第一大厅"的美誉。徽州近年恢复重建的徽州府衙，木构件不施粉彩，表现木之本色，加工精细，装配精准，意在最大限度地表现工艺美和材料美，呈现返璞归真又精致高雅的艺术效果。

砖作、石作也是中国传统建筑中颇具表现力的一种工艺。一种表现方式是惟妙惟肖地模仿木结构技术，如果从建筑艺术创作方面而言，这也许并无太大成就，然而从工艺精湛的角度而言，却极大地发掘了砖石的表现潜力。如江南地区的砖雕门罩、石牌坊，包括大型的砖塔、石塔等，都是很好的工艺品和艺术品。另一种表现方式是挖掘砖石自身的表现力，通过人工的处理，创造砖石特有的装饰效果和美感，如砖作中对砖的加工和对墙体砌筑的讲究就表现出这种细腻的倾向。传统砖作工艺中有一种砌筑工艺叫干摆，俗称磨砖对缝，其做法是挑选上好的砖，经过打磨，不用砂浆直接码放，砖与砖之间不留缝隙，砌筑成墙时使用灌浆的方式将砖与砖浇固为一体。在施工中，要一边向上摆砌，一边墁干活，因为灌浆的水分还未被砖体充分吸收，砖的表面还是干的，极易用磨头把高出表面的部位磨平。墙体摆砌完成了，干活也就墁完了，整个墙面达到基本平整。之后墁水活，即用磨头蘸上清水打磨，磨完后用清水把墙面冲刷干净。接着再是打点、修补、打磨，最终使墙面达到平整光洁、无缝无隙的效果。北京天坛皇穹宇的圆形围墙号称回音壁，实际上就是采用了这种砌筑工艺，并非原本要制造回音效果，而是因为砌筑工艺精湛，才产生了回音折射的绝佳效果，令人称奇。

巧是心与手的合一，俗话说熟能生巧，巧能升华，巧赋予工以灵气，将工升华为艺术，因此古代对工匠的最高赞誉往往是称其有巧思，即所谓能工巧匠。"匠艺"是匠人对建筑技术与工艺的理解与诠释，是对技术的艺术表达，体现了传统营造中技术与艺术的统一，突出表现在结构与构造的结合、构造与装饰的结合上。建筑营造技艺也包含着深厚的文化内涵，建造过程伴随着的仪式、禁忌、习俗等都是营造活动不可分割的一部分。技艺中的审美性、创新性、传承性赋予了技艺神圣感，使工匠对技艺充满了敬畏和自豪，也使得技艺得以世代相传。

3. 美在细部

人们对建筑的感受最初在于对体量、造型、色彩、尺度、比例等的整体认知，然而最终能够让人流连忘返、驻足品味的则往往是建筑的细节和细部。人的体位可以接触之处和视觉焦点之处往往都是需要精心处理的地方，需要在尺度、比例、样式上因应使用者、观赏者，应该与人体相应部位的尺寸、姿态动作、运动能力和生理机能相适应，如门、窗、门环铺首、坐凳栏杆等相关尺寸应和人体的测量数据相符合。同时，这些部位或节点也常常是体现文化习俗的地方，因而也是最见匠心运筹的所在，或细腻而含义丰富，或简洁但用意迥长。细部体现了建筑对人的尊重，细节体现了建筑对人的关切，人情味、生活气息大多表现在建筑的细节，因此细节体现了建筑文化中的人文含量。每一个构件及构件之间的结合都需精心制作，用心权衡，每一个构件都被视同有生命、有尊严、有表情。此外，细节也体现了匠师对材料、工具的掌握程度，对美的细腻感悟和理解的深度。

中国古有"装点门面"之说，"门面"一词即指一般大门的外表，大门通常为人们最易接近和关注的地方，细部处理多有点睛之笔。如位于门楣之上的门簪，原本是将安装门扇上轴所用连楹固定在上槛的构件，因旧时似妇女头上的发簪，故而得名。大门既为一家一户出入之孔道，也是一家一族的颜面，是必须加以装点而不能疏忽的。位于抬头仰视位置的门楣处极为引人注目，用门簪加以装饰恰到好处，门簪少至两枚，多则四枚，有方形、长方形、圆形、菱形、六角形、八角形等各种样式。看面施以雕饰，两枚门簪时，多见"吉祥""如意"等字样；四枚者则多刻四季花卉，如依春、夏、秋、冬雕刻兰、荷、菊、梅，图案间还常见"吉祥如意""福禄寿德""天下太平"等字样。民间所言"门当户对"，其中"户对"即指"门簪"。这种说法使得门簪又具有了身份等级象征意义。古人重视门第等级观念，在婚姻上更是如此，媒人在说媒时要先看这家人的门簪数量，然后再去找相同数量门簪的人家说媒，不然就是"门不当，户不对"了。

门槛之下则有门枕，即"门当"。石枕是固定门槛的石构件，置于门洞两侧，因位置突出而备受关注，因此被工匠加以重点施艺。有的被加工成抱鼓石，造型简洁但气势倍增；有的被加工为各种形式的门墩，均为石雕精品，或为入口大门鼓噪张扬，或平添几分温馨与闲逸，显示出主人的地位、身份和趣味。门枕石也被人们当作暂歇的地方，旧时盛夏季节童叟妇幼闲坐门墩乘凉聊天，常为坊巷民俗一景。

在江南地区，住宅大门上檐处常有砖雕的门罩或门楼，工艺极为精美，形式也很丰富，集中表现了地方砖艺成就。在徽州地区，一般普通住宅多用门罩，早期明代的门罩形式较为简洁，多以水磨砖叠涩几层线脚挑出墙面，水磨砖顶上覆盖瓦檐，构造简朴。随着雕刻技艺的日趋讲究，门罩的形制与工艺特色逐渐丰富起来，如常将门框上部用水磨砖砌筑成垂花门样式，在两垂莲柱之间以砖枋连接，檐下再用砖檐支撑，这种设计疏朗有致，也颇为大方得体。清代以后多在枋间两端肚兜处施以砖雕，枋上也常用砖雕装饰，形式愈加精细烦琐。门楼相对门罩更为复杂，形式多仿照牌楼样式，规格有一间三楼或三间五楼等，门楼形制越高越能显示出房屋主人的家境状况，有些更为讲究的住宅，正门内外两面都做成门楼样式，徽州俗称"双门头"。

柱础是最被人们瞩目的构件之一，因而倍施匠艺。属于石结构体系的欧洲古典建筑以柱式为构图要素，柱头是柱式构图的重点。中国古典建筑为木结构体系，木质柱子与地面的结合需要通过石构的柱础来衔接和过渡，致使柱础成为视觉焦点。由于柱础具有独立加工的条件，故而成为工匠倾注才艺重点打造的对象，各种造型和装饰雕刻争奇斗艳，精雕细琢不遗余力，或使柱子沉稳有力，或使木柱举重若轻，不同的趣味折射出不同的造诣。另外一些与柱子连接紧密的构造和构件如栏杆、雀替之类也是工匠们着意施展才艺巧思的节点。栏杆是人们扶持、凭栏、坐望、把玩之处，不但要切合人体生理要求，尺度合宜，还需加工制作精细，经得起近观和触摸。形式上也要丰富多样，因材料、位置、功能、风格不同而殊异：既有简洁朴素的，也有精致华丽的；既有端庄厚重的，也有轻盈纤巧的。如明清皇家建筑室外的石作勾栏，制作精美，装配严密，每个细部如望柱、寻杖、栏板、颈项都一丝不苟，经得住推敲琢磨。江南园林和民居中的坐凳栏杆则表现出轻快雅逸的品位，栏杆有装于走廊两柱之间的，也有装于地坪窗、和合窗之下的。低者称半栏，上设坐槛者又称栏凳。坐槛及栏凳有木制的，亦有用砖或雕空方砖砌筑的，花纹以乱纹、回纹、笔管为多，十分雅洁。半栏上有加吴王靠（又称美人靠、鹅颈椅、飞来椅等），常用于亭、榭、轩、阁等小型建筑外侧，可供憩坐。鹅颈椅安装时向外倾斜，在两椅相交的阳角转角部位形成一个大于直角的相交面，在阴角则相反。椅的芯子形式多样，常用的有竹节状、回纹等。椅的断面形状呈不规则的圆弧，下端依赖脚头榫与半墙砖开孔连接，两端箍头上装金属拉钩等配件与木柱连接，使之安全、牢固、美观，曲线的介入都恰到好处，蕴含着审美寓意。

在江南地区的建筑中，廊轩是最为用心经营的部位，做工也极为精细讲究。在苏州地区，厅堂建筑中往往在屋顶下面再做一层天花层，形成两层屋架，上层为草架，下层即为轩。轩是由轩梁、轩椽、轩桁等构件连接而成的自身对称的结构体系。轩椽上覆以望砖，形成天花，有防尘、隔热的作用。轩的名称因椽之形式不同，可分为鹤颈轩、菱角轩、船篷轩、海棠轩、一枝香轩、茶壶档轩等；根据构造不同，又可分为抬头轩、磕头轩、半磕头轩等。茶壶档轩是用于廊轩的一种简单构造，是将轩椽底部抬高一个望砖的高度，似茶壶底形，因而得名。弓形轩是将轩梁和轩椽向上弯成弓形。一枝香轩在轩梁中部置斗，斗上承轩桁，两边的轩椽弯成鹅颈形或菱角形，对称搁于桁上。船篷轩、菱角轩和鹅颈轩用于内轩，形式更为华丽。

轩在苏州古典建筑中起到了重要的美化作用，厅堂用轩使得木构架在不改变跨度的情况下，加大了室内空间的进深，梁架的断面不至于因过大而显得笨重。轩的使用对室内空间形成了二次划分，使得空间主次分明，统一的风格中又有变化。轩架和屋架之间形成的空气层，对冬季室内保温和夏季隔热也能起到一定的作用。可以说，轩在建筑结构、空间形式、使用功能方面都取得了良好效果，是江南地区建筑的一大特色。与装饰不同，工艺美不以主题、题材为表现特征，而是着意表现人对材料、技术、工艺的掌握、了解和驾驭，以及加工和安装中折射出来的人们对美的深刻理解。

第三节　装饰美学

自古以来，人类就有装饰的天性，同时有欣赏装饰美的传统。考古学家在原始人的洞穴中发现了经过加工的兽骨、贝壳等物品，据分析，这些物品具有装饰作用。虽然这时候的装饰并不具有完全意义上的审美功能，并可能掺有巫术及迷信成分，但是人类已经开始不惜花费大量的人工追求物品的装饰美。人类的这种装饰美在建筑上有着极为突出的表现，只不过其特点在于它和建筑的功能及结构结合得极为紧密，表现为装饰与结构和功能的完美统一。中国建筑的装饰很多是出自结构或构造上的要求，在大木作中表现为对木构件的艺术加工，如梭柱、月梁不仅造型美观，而且符合结构逻辑和力学原理；屋顶上的鸱吻、垂兽、戗兽和仙人走兽等原本是对该部位的穿钉起保护作用，继而在构造上加以适当的处理而成为装饰。建筑中的装饰构件不但承担着结构、装饰作用，还经常承载着特定的社会文化功能，具有某种文化标识作用，如不同的装饰式样、色彩、质地、题材、纹样往往蕴含着不同的文化寓意。

一、木作装修与装饰

装修与装饰是两种互有联系但又不同的艺术加工方式。装修多为结合建筑的实际功能，对建筑的构件进行符合审美要求的加工，使之赏心悦目。而装饰一般是附加于结构之外，或附着于建筑构件之上的装缀，多具有主题和意味，如雕塑、雕刻、彩绘等。但装饰与装修之间也多有交融和渗透，很多建筑构件经过艺术处理后既是功能构件，同时也是精致的艺术作品。建筑装修与装饰类型繁多、纹样丰富，工艺水平亦极高，形成了自成体系的设计套路和精细严格的操作规程。

1．大木装修与装饰

"大木"是指柱、梁、斗拱等屋架结构部分，其基本特点是根据构件的结构位置和构件的尺寸比例适当地加以美化处理，以表现木构建筑自身的结构美和材质的自然美。木构梁架在担负结构使命的同时，本身又成为独特的装饰手段。

木构建筑所用柱子有方、圆、八角等多种形式，圆柱是较通用的形式，柱身一般为直柱，柱顶部分不论方、圆、八角，大都加工为曲面。宋代的柱子在造型和装饰方面已极为丰富，不但柱子的梭状曲线更为柔和流畅，而且除圆、方、八角柱形外，还出现了瓜楞柱，如浙江宁波保国寺大殿。从现存的唐代佛光寺和南禅寺大殿仅上端略有卷杀的柱子推断，在五代、两宋以前，柱子的造型基本上还是直线形的，直到五代以后才有了显著变化。江苏宝应县南唐一号墓出土的木屋模型，其八角断面的檐柱已有了明显的上下卷杀。至北宋，柱子的卷杀则趋于制度化。按照规定，柱子一般都要依其自身高度划分为三等分，在上段用精确的几何方法做出明显的卷杀效果。从现存实例和图例来看，柱子卷杀的位置、弧线造型以及卷杀幅度都相当合适，造型饱满，曲线流畅，避免了僵直呆板的感觉，增加了柱子的弹性感和力量感。

梁在大木中是主要的构件之一，尺寸巨大，位置显赫，故也采用了卷杀处理。做法是将梁的两端加工成上凸下凹的曲面，使其向上微呈弯月状，故称月梁。同时月梁的侧面也加工成外凸状的弧面，寓力量、韵味于简朴的造型之中，其形式既与结构逻辑相对应又具明显的装饰效果，使室内一层层相互叠落的梁架不但不觉得沉闷、单调，反而有一种丰满、轻快之感。

唐代早期的外檐斗拱还只是柱头铺作（斗拱）出跳，有结构作用，柱间阑额上的补间铺作则不出跳，主要起连接作用和装饰作用。此后斗拱尺度和风格开始由雄大壮健、疏朗豪放朝纤细精巧、错综繁密的方向发展，斗拱的装饰作用越来越重要，出现了尤具装饰性的斜拱，即在进深方向内外出跳的同时，又在45°斜向或60°方向出跳，实例中以金代善化寺三圣殿的斜拱最为繁复，由此可见斗拱装饰作用的加强和斗拱风格演变的趋向。在斗拱的细部加工方面，拱头使用称为"卷杀"的折线或弧线，弧线都由3~5段折线组成，每段称一"瓣"，每瓣都向内凹，形成优美的曲线。向外伸出的要头、昂嘴等也都十分精巧，成为装饰重点，如普遍采用的琴面昂，其昂嘴的侧立面和断面均被处理成弧线造型。

斗拱原本在木构建筑中起着重要的结构作用，到明代，由于使用挑尖梁头直接承托檐部，斗拱的结构作用下降。砖墙的普及使出檐减小，斗拱的尺度也因之变小，出跳减少，高度降低，再加上用料减小和排列繁密，斗拱在建筑外观上所起的作用彻底发生了改变，即由粗犷有力的结构造型转向了纤细复杂的构造装饰，加之彩绘艳丽，装饰效果十分强烈。

　　将建筑构件同时作为装饰要素的思想，在一种称为彻上明造的屋架做法中表现得最为明确。所谓"彻上明造"，即一种将室内梁架全部暴露，并对这些梁架构件进行适当的艺术处理，揭示其审美功能的做法。在这里，除有卷杀的梭柱、月梁和各种组合形式的斗拱外，位于梁上的侏儒柱、驼峰和位于梁柱结合部位的雀替、牛腿等也都分别加以艺术处理，各具审美功能。不难推断，建筑在这里是被当作一个完整的有机体看待的，有机体中的每一部分都有其功能意义，同时也有其美学意义，不但形体是美的对象，而且形体内在的结构过程同样也是美的因素，这体现了古人对于审美体验的自觉。总之，充分利用结构构件，并加以适当的艺术处理，从而发挥其装饰效果，这是古代大木构架的一大特色，把装饰美融入结构美和构造美之中成为传统建筑的美学思想和设计原则。

　　2. 小木装修

　　小木装修主要是指门窗、栏杆、室内天花、藻井、壁龛等非结构部分的木作装修。明清时期的小木装修又被划分为外檐装修和内檐装修两大类。外檐装修指用以分隔室内外的门窗、栏杆、楣子、挂檐板等及室外装饰，内檐装修指划分内部空间的各类罩、隔扇、天花、护墙板、楼梯，以及用于室内的屏风、佛道藏、转轮藏、壁藏等各种装置和装饰。

　　门有板门和隔扇门之分，前者用于建筑群的外门如城门、院门等，风格厚重严实，按照使用功能和使用位置的不同，其中又有实榻门、撒带门、屏门之分。宋代在宫殿、王府建筑的版门上常装饰有门钉、铺首等镏金构件，显得十分庄严宏丽。隔扇门相对空透轻便，多用于殿堂和一般房屋的外门，在隔扇扇心位置安置疏密有序的棂条或各种图案格子，如山西侯马董氏墓内的仿木砖雕，其各面门扇的雕饰纹样都不相同。

　　窗的形式也是多种多样。唐代建筑以直棂窗与闪电窗为主，直棂窗中又分破子棂、板棂两种，均为竖向立棂、棂间留空的做法，只是棂条的形式有所不同。板棂窗的棂间空隙与棂宽相同，其中双层板棂窗内外棂条相重则开、相错则闭，单层的则在内侧糊纸。破子棂窗的棂条是用方木沿对角线锯开，并因此形成可以推拉开合的内外两层，其形象在北魏固原出土的房屋模型中可见到，唐代实例如净藏明惠禅师墓塔。建筑物正面次梢间，通常用破子棂或板棂窗，窗口宽度与版门相适配。宋代大量使用落地长窗、阑槛勾窗等，同时门窗的棂格花纹也由直棂或方格的单一形式转变为直棂、柳条框、球纹、三角纹、古钱纹等多种形式。明清时期的窗子有槛窗、支摘窗和什锦窗等不同样式，槛窗又称隔扇窗，用于宫殿或寺庙等等级较高的建筑中，窗心安置木作菱花，富有装饰意味。支摘窗多用于一般居住建筑中，分为上下两段，上段可以支起以利通风，下段可以摘掉方便采光。什锦窗主要用于园林的廊墙上，有五方、六方、八方、方胜、扇面、石榴、寿桃等样式，既能连通廊墙两侧的景致，又能起到装饰墙面的作用。

内檐装修在用料、纹饰、做工等方面较之外檐装修更为讲究。罩是用于分隔室内空间的一种装饰，可以产生一种似隔非隔的效果，因做法和样式不同而分为飞罩、落地罩、栏杆罩、几腿罩、床罩等，一般都施以繁复华丽的雕饰或纹样，如隔扇式落地罩，上施楣子，中部用雕饰华美的飞罩，两侧各用隔扇一面。有的落地罩在中部留出圆形、六方、八方等形状的洞口，称为圆光罩、六方罩、八方罩等，洞口之外的罩体全部施镂空雕和透雕。如需将室内两个空间完全分开，则使用称为碧纱橱的隔扇门，多由八扇或十扇组成一槽，正中两扇可以开启以通内外。此外博古架也起到分隔室内空间的作用，通透性介于罩与碧纱橱之间，一般做成橱柜式样，以大小形状不一的木格组成形式活泼的构图，既可分隔空间，又可摆放古董陈设。

等级较高的建筑，其室内的天花多采用井口天花做法，即将天花设计为方格，格内置天花板，板上绘制彩画。有些重要的殿宇，在室内中央部位用斗拱、木雕等装饰成藻井，有斗四、斗八、圆形等多种形式。天花的使用与建筑物的功能及结构方式有直接关联，唐宋时期只有采用殿堂结构的建筑才可设置天花，而厅堂结构的建筑，即使是宫中便殿，也不用天花，而用完全暴露梁架结构的彻上明造做法。另外，在一些建筑物中，也出现依不同空间特点和需要采用不同做法的情况，如五代福州华林寺大殿，前廊顶部作平，而殿内为彻上明造。这种情形在浙闽一带的宋代建筑中也比较常见。

藻井是对室内重要空间部位的天花进行特殊处理的装饰形式，一般设置于殿内明间屋顶中，依间广作方井，其余部分及次梢间皆作平棋，佛殿中也有依主像数量及位置设置多个藻井的做法。唐代藻井实物不存，据石窟中叠涩天井的形式推测，仍以斗四或斗八的传统形式为主。宋代室内天花多以大方格的平棋和强调主体空间的藻井代替唐代的小方格子平。宋《营造法式》中还将藻井做了大小之分，大藻井用于殿内，小藻井用于副阶。现存著名的藻井作品有故宫太和殿、乾清宫，天坛祈年殿、皇穹宇，以及普乐寺旭光殿、戒台寺戒台殿、智化寺万佛阁、善化寺大雄宝殿等。此外，一些现存的小木作装修实例，如山西太原晋祠圣母殿的圣母座、大同下华严寺薄伽教藏殿的壁藏、晋城二仙庙的道帐、四川江油云岩寺的飞天藏等，都是模仿木构建筑形式而制作的精美的装饰佳作，反映了该时期小木装修艺术的高超水平。

3．木雕

在大木加工和小木装修中，除结合构件做装饰性加工外，纯装饰性的木雕或木刻的施用也是建筑装饰艺术的一个亮点。木雕在建筑中有着悠久的历史和优良的传统。宋《营造法式》卷十二雕作制度中已详细记载了木雕镌刻的五种制度。

混作与半混：混作相当于圆雕及半圆雕，要求"雕刻成形之物令四周皆备"，其题材有神仙人物、飞仙化生、凤凰狮子、角神盘龙之类。半混类似高浮雕，有时将饰物贴于板壁上，称贴络花纹，题材多为龙凤、仙人、云纹、香草、人物故事、牡丹芍药之类。

起突卷叶华：近似浮雕，"于版上压下四周，隐起身内华叶"，局部突起的卷叶可做透雕处理，所施用纹样多为海石榴、宝牙、宝相及龙凤飞禽之类。

剔地洼叶华：类似浮雕，"于平地上隐起华头及枝条，减压下四周叶外空地"，施用花纹常为海石榴、牡丹、莲花、万岁藤、卷头蕙草、蛮云等。

平雕透突：近似剪影式雕刻，局部叠压透突。

实雕：类似阳线雕刻，"就地随刃雕压出华纹"。

这些雕刻手法根据构件的位置和作用加以施用，主要为照壁、佛道帐、勾栏、牌带、格子门腰华板、平棋藻井、悬鱼惹草等。云岩寺飞天藏所存南宋木雕为该时期代表性木雕作品。

木雕行业在清《工程做法则例》中被列为雕銮作，建筑木雕的装饰部位和雕饰手法都趋于定型。大木构件上使用的木雕装饰一般只是略加雕琢，突出其构造的自然美，如挑尖梁头、霸王拳额枋出头、荷叶墩角背、撑拱、斗拱的曲线昂头、麻叶头撑头木尾、秤杆下的菊花头、三富云头等。施用部位还有垂花门、雀替、花牙子、匾额、挂檐板、门簪等，室内主要施于门罩、门楣、门窗隔扇裙板、夹堂板、飞罩、花罩、藻井等处。用于梁枋等处的雕刻因位置较高，不必精雕细琢，只求线条轮廓优美即可，而门窗、隔扇、挂落等处的雕刻需近距离欣赏，工艺上需精益求精。木雕用材要求木质纤维紧密，不易开裂，有一定的韧性和强度，可选用杉木、香樟木、银杏木、白桃木、红木、楠木等。无论是官式建筑，还是地方建筑，用木雕对建筑构件进行装饰成为明清时期流行的做法，且由于用料、技法、风格等因素而形成黄杨木雕、硬木雕、龙眼木雕、金木雕和东阳木雕等不同流派。按风格也有多种类型，如香山帮雕刻构图不拘一格，轻松活泼，表现清秀之美；北京帮雕刻构图严谨，端庄华丽；山西帮粗犷大气，风格浑朴；东阳帮画面丰富，精致繁复；潮州帮则灵透美艳，风格华丽。

传统的木雕雕刻技法主要有线刻、阳活、揿阳、镂窟窿、大挖、圆身等。从雕刻手法上看，木雕又可分为采地雕、贴雕、嵌雕、透雕等。采地雕即宋元时期的"剔地起突"雕法，又称落地雕刻。这种雕法所呈现的花样不是平面雕刻，而是高低迭落、层次分明，有很强的立体感。优秀的采地雕作品，在一块板上可雕出亭台楼阁、人物树木等多种层次。贴雕是对采地雕的工艺改革，即把所要雕刻的花纹用薄板锼制出来，将锼好的图案按层次要求做进一步的雕制加工，然后用胶（加木销）贴在平板上，形成采地雕的效果。这种雕法比采地雕省工、省力，花纹四周底面绝对平整。由于这种雕法可以使用不同品种木材，因此可将花纹与底面分色，如用紫红色图案花纹和浅黄色底板贴在一起，以取得很好的艺术效果。嵌雕是在贴雕基础上的改良：贴雕是先在薄板锼制加工成雕饰构件后用胶贴在平板上，增加了工作效率，而嵌雕则是在雕刻图案上另外镶嵌更加突起的雕刻构件，以获得更好的立体感。透雕一般用于花罩、牙子、团花等两面观看的构件，造型玲珑剔透，整体形象突出。

古代的建筑雕刻多是依附建筑物而存在的，是建筑艺术的一个组成部分。优秀的装饰作品并不是脱离建筑来表现自身，而是与建筑总体形象取得有机的联系和风格的统一。任何一种雕刻手法虽然有其独特的表现力，但在建筑构件上运用时必须符合构件本身的性格，建筑装饰雕刻的运用必须服从于建筑物的总体要求，必须处理好建筑与装饰雕刻的主从关系，把握住构件性格和雕刻手法的一致性。只有如此，才可能使装饰雕刻发挥其艺术功能，给人以审美享受，并增加整个建筑物的艺术价值，同时也增加装饰雕刻自身的艺术价值。

二、石作装饰与石雕

传统的建筑石作装饰雕刻在唐宋时期已达到相当高的水平，工匠们不但全面掌握了石作雕刻的各种技法，而且成功把握了装饰雕刻与建筑主体的相互关系，做到驾驭技法而不沉溺于技法，根据建筑的性格、雕刻的位置特点及所附丽的结构构件的内在逻辑要求，选择不同的雕刻类型和形式，从而使装饰雕刻与建筑浑然一体。就木结构建筑而言，石雕主要使用在鼓蹬、磉石、门槛、栏杆、阶沿石、抱鼓石、须弥座、柱础、石漏窗、碑碣等处。抱鼓石是最常见的民间建筑石雕装饰，民间称谓较多，如石鼓、门鼓、圆鼓子、石镜等，位于宅门入口，形似圆鼓，主要功能是稳定门板和门扉。各地形制不一，但通常由轴底、基座、锦铺和主体四部分组成。轴底为长方体石块，上面有为安装门扇转轴而穿凿的洞，一般没有装饰性雕刻；基座多为须弥座样式，表面雕刻十分精美；锦铺位于基座上，其下垂的三角部分常刻有装饰性花纹；抱鼓石的主体即基座上的部分，有狮子、抱鼓、箱子、柱子等造型，上面一般有寓意吉祥的精美浮雕。此外，古代独立的石雕作品也十分丰富，如石桥、石塔、石亭、石牌坊、石狮、石碑等建筑作品不胜枚举。石雕手法有线雕、浮雕、平雕、圆雕、透雕，在技法上主要有画、塑、凿、刻、雕、镂、磨、钻、削、切、接等。宋《营造法式》中根据难易繁简程度和艺术特征划分为剔地起突、压地隐起、减地平钑、素平四种形式及方法，并从技术与艺术方面进行了总结。

剔地起突是建筑石雕中最为复杂的一种，类似今天所说的高浮雕，其特点是装饰主题从建筑构件表面突起较高，"地"层层凹下，各层面可重叠交错，最高点不在同一平面上。河南巩义市宋神宗永裕陵的上马台是其典型实例之一，该上马台选用龙作为装饰题材，突起的龙身圆滑有力，鳞片逼真动人，同时以起伏涌动的几何纹为背景装饰，渲染意境和均衡画面，做到既富装饰效果又不破坏构件的整体性。上马台的南侧面为正方形，龙的躯体呈卷曲状，龙头与前爪都向后转 180°，龙的姿态生动活泼，画面结构也统一。上马台的顶面雕有一盘龙，"地"的处理用龙的头、脚、尾来充满画面，龙的周围有云纹花环，在花环外又有浅浅的牡丹花补白四角，最外侧是作为方形画框的卷草纹饰带，整个画面取得了一种匀称中的均衡和对比中的变化。此外，在东西两面龙体曲转呈行龙状，龙尾拖上摆动，也与梯形画面取得了很好的呼应。剔地起突适合于表现有构图中心、主题明确的雕刻形象，同时雕刻面不宜过大，雕刻部位适于醒目处或视线集中的位置。正是根据这一原则，《营造法式》石作制度中列举了剔地起突的施用部位，如柱础的覆盆、台基的板柱、石栏杆的华板、井口石等。

压地隐起类似浅浮雕，其特点是各部位的高点都在同一平面上，若装饰面有边框，则高点均不超出边框的高度，画面内部的"地"大体也在同一平面上。装饰面与"地"之间，雕刻的各部位可以相互重叠和穿插，使整幅画面有一定的层次和深度。南京栖霞山舍利塔塔基上的五代石雕是压地隐起的一个典型实例，工匠在深浅仅一二厘米的石面上雕刻出清秀多姿的花纹和展翼欲飞的凤鸟，手法简括而形象鲜明。压地隐起的特点是在保持建筑构件平面效果和线脚外轮廓的前提下，顺势雕刻较浅的立体纹饰，因而适用于基座的束腰、柱础等构件，许多建筑的柱础都喜欢采用这种手法来装饰覆盆。在木构建筑中，这些经过花饰处理的柱础与绘制着彩画的木构梁架及纹饰精致的格子门窗相互配合，使整座建筑物显得富丽堂皇。

减地平钑近于平雕，其特点是一般只有凸凹两个面，且凸起的雕刻面和凹下去的"地"都是平的，从而使雕刻面在"地"上形成整齐而有规律的阴影，反衬出雕刻主题棱角清晰的外轮廓，有如剪影一般。现存巩义市宋太宗永熙陵的望柱为采用减地平钑手法的装饰雕刻精品，人们远观时并不见具体的装饰内容和纹样，但能感到是经过装饰处理的，而随着观赏距离的接近，这些优美的纹样自然映入眼帘，而原本单调的石面也就变成了生机盎然的艺术品。减地平钑与素平因其效果平实含蓄，且不损伤石面的整体感，故可做大面积处理。实例中，它们常常被应用于柱子、券面、墙裙等部位。

素平即阴纹线刻，它不是以雕刻的体积取胜，而是以线条的优美见长，凹下的刻线所显露出的粗涩石质与磨光的构件表面可形成对比，装饰效果很含蓄。山西长子县法兴寺大殿的门框及内柱表面都采用了流畅舒展的线刻莲花纹做装饰，在抹棱八角柱的柱面上通身刻满花纹，布局匀称，刻线的深浅、宽窄也很得体，用阴线精心勾勒出来的花、叶、枝赋予了石柱以妩媚的装饰效果，并减少了石构件的沉重感。登封少林寺初祖庵大殿的外墙裙同样采用了素平处理，也取得了良好的装饰效果。

明清时期石雕装饰的部位、图案样式已趋于制度化和程式化，雕刻技法也相应分为平活、凿活、透活和圆身四种。平活即平雕，含阴线、阳线两种做法，但阳线本身没有凸凹的变化。凿活指浮雕，包括浅浮雕和深浮雕，细分则有"揿阳""浅活""深活"等手法。透活指透雕，圆身即圆雕。在实际操作中，这些手法也可根据雕饰的对象或雕饰的部位搭配使用或一起使用，创造出符合建筑结构与构造逻辑且变化丰富的艺术作品。

三、砖雕与瓦饰

砖雕做工精美，风格隽秀，耐水耐潮，可用于室外建筑构件，早期主要应用于佛教的砖塔、须弥座及墓葬中。如北京天宁寺等辽金时代的砖塔，塔身为砖砌仿木结构，并装饰有大量的植物、动物图案。山西侯马董氏墓中，以砖雕形式惟妙惟肖地模仿木构建筑造型，雕刻技法多样而精湛，装饰题材也颇丰富，是典型的古代砖雕作品。明清时期，砖雕应用更加广泛，除应用于砖塔、砖幢等处外，还广泛用来装饰建筑的门楼与门罩、漏窗、照壁等。

砖雕技艺总的可分为窑前雕及窑后雕两种。窑前雕是在砖坯上雕刻，然后烧制成砖。窑后雕则先烧砖后雕刻，造型硬朗精致。明代以后，窑后雕愈加盛行，应用广泛。砖雕根据技法不同，可分为平面雕、浅浮雕、深浮雕、透雕、圆雕、阴刻等。前三者基本是在平面上雕刻，只是雕刻的凹凸深度、立体感有所不同。透雕、圆雕工艺要求很高，镂空雕刻，层次丰富，立体感很强。阴刻是用刀在砖面上刻出阴纹，常用于题字和花边。明清时期，由于建筑中的用砖量大大增加，更多建筑部位可以展示砖雕技艺，致使砖雕逐渐从砖工中脱离出来，成为一种独立的手艺。明清时期，雕刻手法被分为烧、搕活、凿活和堆活，其核心技法是凿活，细分又有阴线、平活、浅活、深活、透窟窿、透活和圆身等做法。砖雕雕刻精细、内容丰富，使得民居原本略显单调的外墙产生了生动、立体的效果，同时成为官宦富豪显示地位与财富的一种手段。

以苏州大石头巷的四时读书乐砖雕为例，春、夏、秋、冬四组场景，每组均以人物为主体，采用前景、中景、背景相结合的手法组织画面，人物一般安排在前景或中景，采用的是圆雕技法，对人物的面部神态和人物动态的刻画尤为传神。从技法上看，用刀细腻，线条流畅，饱满有力，细节明朗清晰，人物体态苗条，比例匀称，造型清秀健美，富有神韵。

瓦饰是中国传统建筑装饰的重要内容。中国传统建筑屋面庞大，在屋面交接的屋脊上往往要加以装饰，如在屋面交接部位叠起线脚丰富的屋脊，在屋脊相交的节点安置脊兽，比如正脊两端的吻兽、垂脊端的垂兽、戗脊上的仙人走兽等。装饰的位置既是构造的节点，也是视觉焦点。这些装饰构件大多还被赋予了文化功能和吉祥寓意。如汉代屋顶正脊两端的正吻称鸱尾，取意自鲸鱼，鲸鱼会喷水，故置之于屋顶寓意喷水灭火。戗脊上的走兽除尽端的仙人外，依次有一龙、二凤、三狮子、四海马、五天马、六押鱼、七狻猊、八獬豸、九斗牛、十行什，都是吉祥的瑞兽。此外，在檐口和两山的瓦当、檩当，也是使用瓦饰的重要部位，多用吉祥图案进行装饰。

在地方做法中，屋顶的脊饰历来被倾心打造，样式更是丰富多彩，如闽南、潮汕地区以嵌瓷、堆塑做装饰，题材包括人物、动物、植物花卉以及历史故事，装饰效果极为浓烈。

四、色彩与彩画

中国古代建筑以色彩丰富著称，这主要源于木结构为防止腐朽而需加饰油彩。据汉代文献记载，早在秦汉时期已经大量使用彩绘来装饰建筑，营造华贵富丽的效果。从梁柱斗拱椽头，到门窗台阶地面，都遍施彩饰，可见装饰之华美。彩绘原本与绘画同源同法，只是施用对象和部位不同，"施之于缣素之类者，谓之画；布彩于梁栋斗拱或素象什物之类者，俗谓之装銮；以粉朱丹三色为屋宇门窗之饰者，谓之刷染"。一座单体建筑中需要重点装饰的部位主要有檐口、墙壁、木构架、藻井与天花、阶墀与台基、门窗、屋顶等，其中对木构架的外观处理，是建筑装饰的重要部分，以对柱、楣、梁、枋、椽、斗拱、门窗等构件的加工装饰为主要内容，如绘制云气、荷莲、水藻、朱雀、走兽（龙、虎、蛇、蝙蝠、鹿、兔、猿、熊）、神仙、胡人等，足见建筑绘画之丰富。

唐代一般是在木构件上刷土朱色，有的把木构拱、枋的侧棱涂上黄色，以增加木构件部分的立体感。墙壁刷白色，配以青灰色或黝黑色瓦顶，鲜亮而素洁。在敦煌壁画中可以间接看到建筑各部分构件的色彩，如敦煌莫高窟第 148 窟、第 172 窟经变画所表现的建筑，画中殿阁的檐柱、枋楣、椽、拱等构件表面一般用赭色或红色，廊柱有的用黑色。椽头、枋头、拱头、昂面等构件的端面用白色或黑色。栌斗与小斗多用绿色。构件之间的壁（板）面，如重楣之间、椽间、枋间、窗侧余塞板、窗下墙等，一般用白色，也有用黑色或青绿相间的。白色的拱眼壁中央，常绘有青绿杂色的忍冬纹。门扇的颜色多为红色，窗棂则多为绿色。山西五台南禅寺和佛光寺大殿的内外檐斗拱及枋额上，都残留有彩绘的痕迹。

南禅寺大殿的阑额与柱头枋内面，绘有直径约 10 厘米的白色圆点。史料记载，唐代佛寺殿阁，多采用内外遍饰的做法。如五台山金阁寺中的金阁，壁檐椽柱，无处不画。敦煌中唐第 158 窟、第 237 窟诸窟壁画中，有檐柱上绘有团花、束带的建筑形象。五代南唐二陵墓室中，砖构仿木的斗拱、楣、柱皆施彩绘，说明唐、五代时期木构件表面彩绘做法之流行。室内的木质天花也加以彩绘装饰，平棋的格条一般饰红色，格内白地，上绘花饰，峻脚椽及椽间板做法亦同。敦煌唐代窟室内的龛顶，也见有绿色格条的平棋形象，格内青绿相间绘饰团花。室外的木质勾栏也同样做彩绘处理，勾栏的望柱、寻杖、唇木、地栿等多为红色，栏板用青绿间色。间色是唐代彩绘中流行的手法，即色彩有规律地间隔相跳。一般以青绿二色相间，也有用多色相间的。甚至壁画中的城墙与建筑物基座的表面，也表现有条砖平缝间色的形象。

1. 宋代彩画

两宋时期，建筑彩画有了更大的发展，不但应用普遍，而且日趋绚丽，前代那种较为生硬的彩饰逐渐被因采用退晕方法而趋向柔和细腻的彩饰所取代，同时在构图上也减少了写生题材，更趋装饰性和图案化，从而更适合于建筑整体感的要求，也适应提高设计、施工速度的要求。宋代彩画施用的部位主要是梁、枋、柱、斗拱、椽头等处。比如斗拱彩画常是满绘花纹，或是青绿叠晕，或是土朱刷饰；柱子彩画或土朱，或于柱头、柱中绘束莲、卷草，柱绘红晕莲花，梁和阑额等构件端部使用由各种如意头组成的藻头，称为角叶，从而改变了过去用同样的花纹作通长构图的格局，代之以箍头、藻头和枋心的新形式。两宋的建筑彩画较前代更加绚丽，宋《营造法式》在阐述彩画设计思想时说，"令其华色鲜丽"，"取其轮奂鲜丽，如组绣华锦之文"，体现了当时彩画装饰功能的增强。但从具体的设色原则和色彩关系来看，应该说其总体基调还是清新淡雅的，如规定"五色之中唯青、绿、红三色为主，余色隔间品合而已"，并"不用大青、大绿、深朱、雌黄、白土之类"，同时大量用晕，极少用金，故风格清丽。此外，《营造法式》中又强调要注意"随其所写，或浅或深，或轻或重，千变万化，任其自然"，这无疑反映了当时彩画技法的纯熟和艺术构思的高超。两宋时期的彩画按照建筑等级差别和制作工艺可划分为三类，即五彩遍装、青绿彩画和土赤刷饰，细分则可划为九种，即五彩遍装、碾玉装、青绿叠晕棱间装、三晕带红棱间装、解绿装、解绿结华装、丹粉刷饰、黄土刷饰和杂间装。

五彩遍装是宋代彩画中很华丽的一种，特点是以青绿叠晕为外缘，内底用青。其选用的图案式样也极繁多，有花卉、飞禽、走兽等，仅花纹一类就有海石榴花、宝相花、莲荷花、团科宝照、圈头合子、豹脚合晕、玛瑙地、鱼鳞旗脚诸品；琐纹一类则有琐子、簟纹、罗地龟纹、四出、剑环、曲水诸品。这种华丽的装饰图案多用于宫殿、庙宇等重要建筑，现存实例如辽宁义县奉国寺大殿、江苏江宁南唐二陵和河南白沙宋墓墓室内彩画。

第二类是包括碾玉装、青绿叠晕棱间装在内的以青绿色为主的彩画。前者以青绿叠晕为外框，框内施深青底描淡绿花；后者则用青绿相间的对晕而不用花纹。这种彩画多用于住宅、园林、宫殿及庙宇中的次要建筑。

第三类即解绿装、解绿结华装和丹粉刷饰等，是以刷土朱暖色为主的彩画，主要承袭前代赤白彩画的旧制。其中通刷土朱，而以青绿叠晕为外框的是解绿装；若在土朱底上绘花纹，即是解绿结华装；遍刷土朱，以白色为边框的是丹粉刷饰；以土黄代土朱的是黄土刷饰，《营造法式》中的"七朱八白"也是丹粉刷饰的一种。刷饰彩画一般都用于次要房舍，属彩画中最低等级。此外，还有将两种彩画类型交错配置的做法，称为杂间装，如五彩间碾玉、碾玉间画松文等。

2. 明清彩画

明清时期是中国建筑彩画发展的繁盛阶段，施用彩画的部位除建筑的梁、枋外，还有柱斗、斗拱、檩身、垫板、天花、椽头等处。一般而言，柱身通常为红色，在柱头与额枋平齐的地方用和玺彩画的箍头或旋子彩画的藻头。柱头科和角科的斗和升用蓝色，昂翘用绿色，平身科的构件与之用色相反。拱眼和拱板垫用红色，以突出斗拱。天花以绿色为主调，支条用深绿，井口用中绿，中间的方光用浅绿或浅蓝，圆光用蓝色，内绘龙、凤、鹤或吉祥文字。椽身为绿色，望板用红色，对比十分强烈。圆形椽头多画宝珠，并呈退晕效果，排列时蓝绿相间；方椽头多绘金色，衬以绿地。总的来讲，明清彩画不但用色鲜艳，而且图案丰富，极富装饰意味，但同时也趋于程式化和制度化。按照建筑等级和风格的不同，明清时期的建筑彩画主要分为和玺彩画、旋子彩画、苏式彩画三种风格和做法。

和玺彩画为彩画中的最高等级，用于宫殿、坛庙等重要建筑上，细分又有金龙和玺、龙凤和玺、龙草和玺等不同类型，其主要特点是在梁枋两端的箍头处绘有座龙的盒子，盒子内侧绘制齿状的藻头，内饰降龙图案，在枋心位置绘制行龙图案。主要的线条及龙、宝珠等用沥粉贴金，较少用晕。色彩上主要是以蓝绿底色相间布置形成对比，并衬托金色图案，如明间上蓝下绿，次间则上绿下蓝，同一梁枋上也是采取蓝绿相错的手法。

旋子彩画较和玺彩画低一个等级，但应用范围极广，宫殿、坛庙的次要建筑及一般的庙宇、官衙等都使用旋子彩画。其主要特点是两端的箍头内不绘龙，而是绘制西番莲、牡丹和几何式图案，在两侧的藻头内使用带卷涡纹的花瓣，即旋子。藻头中的图案为一整二破的构图，在梁枋较长的情况下，可以在旋子间增加一行或两行花瓣，称为加一路或加二路。梁枋较短时用旋子相套叠，谓之勾丝绕，恰好形成一整二破的称为喜相逢。枋心的图案以锦纹和花卉为主，根据彩绘中用金多少、图案内容和颜色的层次，旋子彩绘又分为金琢墨石碾玉、烟琢墨石碾玉、金线大点金、墨线大点金、金线小点金、墨线小点金、雅乌墨、雄黄玉旋子、混金旋子九种不同的形式，针对建筑等级、位置、风格等不同而采用不同的做法。

苏式彩画多用于园林、住宅中，按构图的不同，可以分为枋心式、包袱式、掐箍头搭包袱、掐箍头和海墁苏画等五种。苏式彩画在梁枋两端的箍头处多用联珠、回纹等，藻头画有由如意演变而来的卡子，但苏式彩画的最大特点是在被称为包袱枋心上的彩绘，内中常绘有人物故事、山水风景、博古器物等，丰富活泼。若按彩画的工艺做法划分，苏式彩画也有金琢墨、金线、墨线、黄线和混金做法诸种，其中以金琢墨最为华丽和精细。

湛蓝的天幕映衬着金黄色的琉璃瓦顶，这是建筑物与环境色调的对比，烘托出了建筑物壮美的屋顶轮廓。檐下青绿色调的彩画在深深的阴影下同阳光下暖色调的黄琉璃瓦顶、红色柱身、墙面和门窗形成明暗、冷暖对比，使建筑物的色彩格外耀眼。

五、装饰纹样

建筑装饰中无论雕饰还是彩画，雕饰中无论木雕还是砖雕、石雕，都包含着丰富多样的内容和纹样，图案设计都十分精美。《营造法式》中将这些图案纹样主要分为花（华）纹、锁纹、飞仙、飞禽、走兽、云纹等类别。

（1）花纹类：这是以植物花卉为原型进行几何图案处理的纹样，主要有海石榴花、宝牙花、太平花、宝相花、牡丹花、莲荷花。

（2）锦文类：团科宝照、团科柿蒂、方胜合罗、圈头合子、豹脚合晕、梭身合晕、连珠合晕、偏晕、玛瑙地、玻璃地、鱼鳞旗脚、圈头柿蒂、胡玛瑙。

（3）琐纹类：锁子、连环锁、玛瑙锁、叠环、密环、簟文、金铤、银铤、方环、罗地龟纹、六出龟纹、交脚龟纹、四出、六出、剑环、曲水、王字、万字、斗底、钥匙头、丁字、工字、天字、香印。

（4）飞仙类：飞仙、嫔伽、共命鸟。

（5）飞禽类：凤凰、鸾、孔雀、仙鹤、鹦鹉、山鹧、练鹊、锦鸡、鸳鸯、鹅、鸭。

（6）走兽类：狮子、麒麟、狻猊、獬豸、天马、海马、仙鹿、羚羊、山羊、白象、驯犀、黑熊。

（7）骑跨牵拽走兽人物类：拂菻、獠蛮、化生。

（8）骑跨天马、仙鹿、羚羊仙真类：真人、女真、金童、玉女。

（9）云纹类：吴云、曹云、蕙草云、蛮云。

明清以后装饰题材愈加丰富，纹样愈加多样。归纳起来，这些纹样图案大致可分为文字类、锦类、花卉类、博古类、祥禽瑞兽类、寓意类、生活类、人物故事类等，表现了这一时期各地区、各民族的审美趣味和风土人情。

文字类是指汉字和由少数民族文字组成的图案，如福字、寿字等。文字类纹样或单独使用，称为"字活"，或与其他纹样组合在一起，如五福庆寿、二龙捧寿等。

锦类由二方连续或多方连续图案构成，如丁字锦、拐子锦、回纹锦、万字不到头、龟背锦、菊花锦等。锦类图案可以单独使用，或作为边框或其他纹样的衬地，还可在锦间串行花枝，如万字串牡丹等。

花卉类如宝相花、玉兰、海棠、栀子花、卷草、西洋花等，组团设计的如四季花（牡丹、荷花、菊花、梅花）、松竹梅等。花卉类可单独使用，也可以与鸟兽、器物、锦类等组合在一起。

博古类包括青铜器、玉器、竹器、牙雕、石器、木器、珊瑚器、料器、陶器、瓷器、漆器、金银器等各种古董器物。博古图案可写实也可写意，前者复杂，式样不定；后者流行数种固定的式样，如百子瓶、八卦瓶、八卦炉、果盘、仙鹤炉、圆炉、方炉、百环瓶、三截瓶、七孔瓶、鸭（鹅）熏、三才斗等。博古类除单独使用外，还常与其他纹样共同构图，组成寓意类图案。

祥禽瑞兽类通常以吉祥图案的方式呈现，如二龙戏珠、龙凤呈祥、云龙图案、凤栖牡丹、犀牛望月、麒麟卧松、海马献图、鹤鹿同春、鹭鸶卧莲、喜鹊登梅等。

寓意类是运用事物名称的汉字谐音，组成祥瑞词语，以表达吉祥意愿，如瓶与鹌鹑共组图案谐音"平安"，万字、蝙蝠和寿字组成"万福万寿"，蝙蝠与云组成"福运"，柿子、如意组成"事事如意"等。或以图案的内容隐喻美好的愿望，如牡丹花称"富贵花"，葫芦隐喻"子孙万代"，牡丹、玉兰、海棠象征"玉堂富贵"，五只蝙蝠围绕一个寿字象征"五福捧寿"，锦类纹样与花草一起象征"锦上添花"，而猴子捅马蜂窝、树上挂一方官印的画面隐喻"封侯挂印"。此外，金玉满堂、五子夺魁、麒麟送子等也属寓意类的题材。

生活类选材于古代的生活用品及日常生活场景，如琴棋书画、文房四宝、渔樵耕读等，以寄托对美好生活的向往和高雅品格的赞赏。

人物故事类取材于《三国演义》《水浒传》《红楼梦》《西游记》《封神演义》等古代小说和名人掌故，以及民间传说如《刘海戏金蟾》《白蛇传》等。如山西稷山马村金墓的两幅砖雕作品《赵孝舍己救弟》和《蔡顺拾椹奉亲》，便都是取材于宣扬孝行的故事。

第四节 空间美学

建筑是实用的艺术，实用在空间，即人们使用建筑不是用其四壁和屋顶，而是用其非实体部分的空间，实体只是构成空间的手段，这是建筑艺术区别于其他造型艺术的最根本的特质。建筑空间同时具有二重性，"空"既有满足人类一般生产生活需要的使用功能，也有满足营造场域和氛围的精神功能，从而产生空间美。这种美是在观赏性之外的建筑所独有的审美体验，诸如壮阔、开敞、幽闭、曲折、静谧、肃杀、神秘、压抑、私密等。这些感受大多涉及人的视觉、听觉、嗅觉、触觉、动觉和第六感觉，体验者零距离融入体验对象之中，空间与时间随着体验者的变化而转换、凝固、流动、交错、穿越，从而展现了空间艺术的特有魅力。

一、导引与序列

中国的传统建筑一般不是靠单体体量取胜，主要是以多单体的组合见长。建筑群体的呈现是以平面形式展开的，在创造雄壮、尊贵、隆重、崇高、幽深、神秘、神圣等建筑空间氛围和景象的时候，通常都是依靠建筑空间特有的布局经营，其中导引与序列是使空间达到组织化、艺术化的有效手段。在空间的设计安排中，由于空间的位置、形态、性格不同，其作用、氛围、效果也不同，但总体上可分为前导空间和主场空间。前导空间多为线性布局，由过渡空间形成序列，产生悬念。主场空间为场域空间，是空间序列中的高潮。线性空间具有动态、流转、压抑等特征，而场域空间有终达、沉静、空寂、凝止、聚合、发散的特征。

建筑的空间组合更类似音乐中的乐章，有序曲、铺垫、高潮、尾声，又似文章中的起承转合，如故宫中轴线上的空间组合、明清北京城的中轴线的空间组合。北京明清故宫主轴线以午门为起点，依次贯穿着午门院、太和门院、太和殿院、乾清门院、乾清宫院、坤宁宫院、坤宁门院及御花园、神武门院等，形成一条与都城轴线重叠的空间序列。坐落在同一组工字形三重台基上的太和、中和、保和三殿称外朝三大殿，附会古制的"三朝"；天安门、端门、午门、太和门、乾清门则表征古制的"五门"。前朝后寝、五门三朝的隆重规制，通过规划转化为建筑美的时空构成，取得礼仪空间序列与观赏性、艺术性空间序列的高度统一。这里的门殿廊庑、庭院空间在形制规格、大小尺度、主从关系、前后次序、抑扬对比、铺垫烘托等方面都做得极为严密，充分展示出中国建筑以纵深轴线组织时空的突出优势和巨大潜能。如将故宫的轴线向南北延伸，则发现其与明清北京城的纵轴完全重合，体现了中国古代都城以宫室为主体、突出皇权和唯天子独尊的规划思想。这条轴线自南而北长达 7.5 公里，轴线前段自外城南墙正门永定门起，经内城南垣正门正阳门，此段轴线上建筑较少，节奏舒缓，为其后高潮之铺垫。中段由大明门经天安门，穿过宫城至全城制高点景山，此段高潮迭起，空间变化极为丰富，在大明门与天安门之间的御街两侧布置了整齐的千步廊，形成了狭长的导向空间，直抵天安门。天安门前御街横向展开，形成 T 字形平面，布置有金水桥、华表、石狮，突出了皇城正门的雄伟。进入天安门、端门，经御路导入宫城，轴线上门、殿接踵交叠，节奏紧促，宫北景山高 50 米，是轴线布局的最高潮。由景山经皇城北门地安门至鼓楼、钟楼成为高潮后的收束。钟楼、鼓楼体量高大，显出轴线结尾的气度。整个轴线上建筑起承转合，相互映衬，节奏张弛有序，旋律起伏跌宕。

明十三陵神道的布置显示了中国传统建筑外部空间设计的精髓，长陵的神道为陵区的总神道，其共用的建筑有石牌坊、下马碑、石望柱、石像生、棂星门等。金碧辉煌的陵寝建筑、严谨有序的布局形式，以及排列有序的石雕作品与自然环境既统一又和谐，具有极强的艺术感染力。设于南面的陵区入口为袋形山谷的山口，此处建有一座五开间的石牌坊，在从石牌坊至长陵约 7 公里的神道上排布了一系列纪念性建筑和雕像，神道分出支路通向其他各陵。石牌坊北面是园区正门大红门，坐落在龙、虎两座小山之间隆起的横脊上。大红门前左右两侧设有下马石碑。在大红门左右原有陵垣围护陵区，透过中间拱洞可北望远山衬托下的碑亭。自碑亭沿神道北行，道边有宣德十年（1435）所刻的 18 对人物和动物雕像，即石像生，这些石雕装饰是整个陵园建筑不可分割的组成部分，同时又是具有独立艺术价值的精品。石像生之前为两根石望柱，然后依次为狮、獬豸、骆驼、象、麒麟、马，共 12 对 24 只，各二坐（或卧）二立。其后为石人，将军、品官、功臣等共 6 对 12 尊，均为立像。石像生的尽端是龙凤门，门的形制为 3 门 6 柱，取"灵星垂三门之象""设六扉而开阖"的意思。门额的中央部位各饰有宝珠火焰的装饰，所以此门又称火焰牌坊。

以导引线作为游览线的主线，在园林建筑组群中表现得淋漓尽致。在园林的诸多功能中，园景的游赏占据着突出的地位，园林的景区布局，各个景点的空间组合很自然地都与导引线，亦即观赏线息息相关。留园素以建筑空间处理精妙见称于苏州诸园，游人无论从鹤所入园，经五峰仙馆一区至清风池馆、曲溪楼到达中部山池，或是经园门曲折而入，过曲溪楼、五峰仙馆而进入东园，都可感受到空间上大小、明暗、开合、高低的对比。园中空间序列极有节奏，空间造型极富变化，把中国古典园林的空间艺术发挥得出神入化。由侧门入园，经曲折的回廊和两重封闭的小院来到山池景区的南界，此处称为"古木交柯"，透过漏窗已隐隐可见园中山池亭阁的秀色，沿古木交柯西去，临水有绿荫轩、明瑟楼、涵碧山房，形成了山池景色的一条观赏线，同时也形成了水池南岸高下参差的建筑轮廓线。由古木交柯循廊北行，过曲溪楼、西楼，经清风池馆，便可到以建筑为主的东区，再由清风池馆东转，通过走廊而抵达五峰仙馆。在五峰仙馆前后均有假山庭院，游客坐于厅上，仿佛面对岩壑，前院假山形似十二生肖，后院假山则突出野趣，山间砌有水池，蓄养金鱼，引人赏玩。五峰仙馆四周有一些尺度小巧、环境幽僻的建筑和院落，西有汲古得绠处，南有鹤所，东面则有揖峰轩和还我读书处，它们与五峰仙馆的豪华高大形成鲜明对比。揖峰轩庭院以石峰为主景，环庭院四周为回廊，在廊与墙之间划分有多组小院空间，置湖石、石笋、竹、蕉等，构成一幅幅小景画面。

即便是简单而促狭的北京四合院住宅，其空间也是尽可能按照导引的路线进行安排，取得曲折婉转的收放效果。如入院先要经过大门洞，经由影壁前的小院，左行穿过月亮门，进入前院，再于中轴线位置跨过垂花门进入主院，一般由左右抄手游廊抵达正房和厢房，再由右侧耳房位置通后院后罩房，整个导引路线张弛有序、变化丰富。

二、封闭与开放

封闭与开放是建筑空间具有的两种基本形态，自然界中本身也存在着这样的空间形态，如平原、湖海的广袤无垠，盆地、山谷的围合隔绝。建筑空间的形成通常采用两种方式，一种是以建筑、人工构筑物、被加工的自然景物围合构成的内聚型空间，另一种是以建筑或构筑物构成的放射型或发散型空间。建筑形体本身具有张力，可以形成空间场域，其辐射范围和其体量、形态、艺术感染力与环境的关联度等有关。介于二者之间的过渡型空间则称为灰空间。封闭的空间具有沉静、肃穆、庄严的形象，开放的空间具有流动、旷达、宏丽的气度。二者也在一定条件下相互转化。以唐长安城为例，它本身相对京畿是一个以城墙为界面的封闭的城市空间，而城内则是一个以里坊为单元、以街衢为视廊的开放系统。里坊本身是一个重复性的以坊墙为界面的内向封闭的居住系统，而坊内又是一个对院落单元而言的开放结构。居于不同的身份，扮演着不同角色，空间所带来的感受大不相同。这其中，开合、动静、虚实的对比、转换与变化，使城市空间充满了张力与魅力。同理，一座寺院或一座宅院，对外而言是一座用院墙和建筑围合的一进进封闭空间，而对内庭每座建筑而言，却是一个完全开放的空间。构成空间界面的墙体或建筑外墙，既是内部院落空间的皮肤，又是外部城市或村落空间的表情。如徽州古村落中，每座民居和祠堂高高的封火山墙围合着以天井为中心的封闭庭院，安全、宁静、温馨，而对外则又担当着街巷、广场街面的职责：开合、动静、内外的空间性格悄然转化。

与封闭的院落空间形成对比，园林空间则崇尚开放的意象，甚至尽可能遮蔽空间边界以取得"漫无边际"的空间效果。如苏州留园在园子的西北两侧有一道云墙在山脊处高下起伏，紧贴云墙又有一条长廊婉转曲折，使园子的边界完全消失在丰富的建筑空间构图中。北京的北海则是以琼华岛为中心的开阔的湖池景区与池东岸一系列相对封闭的主题景区形成了空间上的开合、大小、幽旷、疏密对比。苏州拙政园主体景观集中在中部，布局以水为中心，远香堂北濒荷池，荷池作湖泊形，池中三岛连属，有东海三神山的意趣，岛上各有一亭，中亭名雪香云蔚，与远香堂遥遥相对，东亭称待霜亭，西亭称荷风四面亭。站在远香堂隔岸北望，只见池水荡漾，岛上树木葱郁，一派湖山风光。自远香堂东行，有玲珑馆、嘉实亭、听雨轩、海棠春坞、梧竹幽居等一组各具主题的小院，它们与中部开阔的湖山风光进行着大小、开合的对比，在嘉实亭赏枇杷、在听雨轩听雨打芭蕉、在海棠春坞观西府海棠、在梧竹幽居看风吹竹枝桐叶、在绣绮亭俯视繁花铺地，穿游其中，意趣各不相同。

颐和园中有四种性格迥异的空间相映成趣：以规整的院落空间为特色的东宫门园寝区；以开阔的湖山风光为特色的前山前湖景区；以曲折幽闭为特色的后山后湖景区；以谐趣园等园中之园为特色的独立景区。在皇家园林中，听政、居住和日常起居一般都占园林建筑较大比重。为满足清廷驻园期间的各项功能要求，颐和园的东部偏南区域集中建置了政治活动区和生活区，其中"外朝"部分主要有东宫门、仁寿殿，"内寝"部分主要有玉澜堂、乐寿堂、宜芸馆,此外还有附属娱乐和服务设施,如德和园、东八所、奏事房等。这些建筑大多为院落式组合,它们相对独立,各具特色,其中居住部分采用灰砖布瓦,亲切宜人。在整体布局上,宫廷区相对规整严谨,与相隔咫尺的自然山水景区形成反衬与对比,各臻其妙,相映成趣。出仁寿殿入长廊即跨入了前山前湖景区,长廊北侧是绿荫覆盖的万寿山,南面即是碧波荡漾的昆明湖。昆明湖的水景,构成了颐和园景观的精华部分,开阔的湖面 220 多公顷,占全园面积 3/4,一池碧波映着天光云影。以佛香阁为中心的前山建筑群,依山临湖,运用了五条轴线控制了整个建筑群的布局,把散布在前山的所有建筑统一成有机整体。由相对封闭的宫廷区转入空间开敞的前湖区,给人豁然开朗的感觉,空间上的一收一放、一开一合,造成了空间尺度的强烈对比,前者让人感到幽静宁和,后者则使人心旷神怡。后山即万寿山的北坡,山势起伏较大。后湖是万寿山北麓与北宫墙之间的一条河道,清流蜿蜒,时宽时窄,或直或曲。后湖两岸种植着垂柳和应时应节、自开自谢的山花,山坡上掩映于绿荫中的小园林静静地俯视这一曲清波。这个景区的自然环境幽闭多于开朗,故景观亦以清寂为基调。在后湖中端,北宫门东西两侧辟有著名的买卖街,为后湖的重要景观。园林布局中利用空间手法所营造的开阔与幽闭的氛围与景象在前山和后山的景观塑造上巧妙地显示出来:前山建筑密集,烟波浩渺;后山绿荫蓊郁,溪水蜿蜒。前山视野开阔,画面完整;后山则岗阜逶迤,步移景异。

　　园林中建造园中之园是园林空间处理的一个重要手法。颐和园即在园中建有多座园中之园,以形成空间的对比,其中以谐趣园最为著名。乾隆第一次南巡,对无锡惠山的寄畅园非常欣赏,命随行画师将此园景摹绘成图,回京后于万寿山之东麓建成谐趣园。谐趣园以湖池为主景,池北岸有正殿涵远堂,为游园时休息的便殿。池南岸的水榭名饮绿,是钓鱼的地方。环池的百间游廊是一条曲折变化的游览路线,其弯转起伏,变换着游人的视线角度,每一转折,必有新景在眼前出现。廊的两侧,一边是山石、绿树或翠竹,另一边是清波、潺潺流水。循廊东行可至东岸的知春堂，堂东北角的假山背后有酪膳房。池北游廊连着兰亭，亭内有石碑一通，上题刻乾隆御制"寻诗径"诗句，描写了此地的环境和身临其间的感受。兰亭北侧的湛清轩原为清漪园时期的墨妙轩，轩内壁间有《续刻三希堂法帖》石刻。沿廊行至园内西北角，有激流沿山涧飞溅而下，从廊下桥洞泻过，洞旁横卧巨石，上刻"玉琴峡"三字，这是一处以山水之音为表现主题的小峡谷，是仿无锡寄畅园中"八音涧"修建的。峡谷利用后湖与谐趣园地形的落差，由人工开凿而成，后湖之水沿峡谷流下，声如琴韵。漫步峡边，奇石嶙峋，古木翳然，有天然林泉之趣。

三、穿插与流动

建筑形体是凝固的，但建筑空间是流动的。即便是封闭的空间，本质上也不过是流动的建筑整体空间中相对封闭的一环。

1. 穿插

就建筑内部空间而言，四周有墙体围合，其上有屋顶覆盖便构成了一个最基本、最简单的建筑空间，也是一种最为概念化的空间形态，或标准化的空间单元。如一座四柱围合的碑亭，只是简单地满足了界分内外两种不同空间属性的要求。但由于人类活动的复杂性，以及人们对空间形态多样性的需要，空间形式不断突破原始的简单形式，呈现出各种形态。一种趋向是空间本身不局限于简单的六方体，出现了各种几何形体和异形的空间，如圆形、十字形、亚字形、扇形、多边形等。由于中国木结构框架形式的约束，传统建筑的空间单元多是方形或长方形的，而一些异形的空间形态一般也均为方形和长方形组合而成，因而原则上都是相对方正、对称的形态，实例如圆明园的万方安和、隆兴寺的摩尼殿、故宫的角楼等。另一个趋向是空间出现相互穿插、交织、叠加等，不同间距跨度的单体相互结合，形成错综复杂的平面，如唐代滕王阁、大明宫麟德殿、清代北京雍和宫等。此外，室内外空间交错互融也是空间相互渗透的一种表现，如南方建筑中开敞的厅堂和中庭的相互渗透就是典型的案例。这些空间形态打破了人们对一般简单空间单元的理解，丰富了视觉上的空间感受，增加了空间的艺术表现力。

就外部空间而言，空间的穿插、交错、叠加表现得更为突出和多样，如院落空间与自然空间的交错、室内空间与院落空间的交融。再如园林空间中的模糊性边界处理，包括园林中用空廊分割空间的处理手法，似隔非隔，相互渗透，互为你我，延伸了各自空间的边界，增加了空间的丰富性。

2. 流动

空间如同空气一样是流动的，这种流动性赋予了空间活力与生命力，同时空间也是人的活动轨迹的导引和精神空间飘移的归依之所。空间的流动有多个向量，有平面的，也有竖向的，充分体现了空间的三维特征。在一般的空间组合中，城市中的街巷、水乡中的河网、建筑组群中的神道和路径，以及单组院落建筑中的门厅、廊、中庭、天井等，都起到导引、梳理、联络空间的作用。建筑空间的流动像流体般运行，建筑由无形的流动空间串联、交合在一起，成为一个空间上的整体。

空间不只在平面上展开，也在竖向上耸动，如高耸的楼阁、塔，以及祭祀空间、景观空间中通过人为设计或巧妙利用地形起伏高下造成的竖向变化，创造了空间流动的特殊效果。在宗教建筑中，由于供奉大型佛像的需要，楼阁的设计通常打破楼层的界限，将竖向空间来连通，如蓟县独乐寺观音阁，三层的楼阁空间被竖向的六边形佛像空间穿透。这种手法在石窟的空间设计中也常常运用，以突出佛像观瞻空间的整体性和艺术效果。

空间的流动在室内的表现是不设严格的隔墙区分，而只采用软化的隔扇、门罩、屏风、帷帐等处理手法，使内部的空间尽可能连通；在外部空间上，多采用廊、墙、路径、门洞、漏窗、植物等对空间进行联络、导引，这在中国传统园林设计中可谓达到了极致。

四、空间与时间

建筑既是空间的艺术，也是时间的艺术，其特征在于空间本身具有的时间特性，以及时空之间的转换。建筑空间的魅力在于它不但为人们提供一个可资使用的空间环境，还同时为人们插上了想象的翅膀。一方面，建筑空间既可以化有限为无限，容绝对于相对，如中国传统园林空间中将自然山水的宏大空间浓缩为园林空间，移天缩地，完成了景中之远与意中之远的互换。另一方面，建筑又可以通过时空穿越和时空转换将时间挤压、浓缩、凝固，反之也可以将时间延长、扩展、稀释，如江南园林中的幽径和曲廊，它们或盘桓于山间，或蜿蜒于水际，九曲十八转，给人以"山重水复疑无路，柳暗花明又一村"的感受。人们徜徉其中，实际上完成的是一种时间与空间的转换，在有限的占地面积中，山、水、植物、建筑的配置与遮挡，将空间分割、串联、回转、叠落，从而将行进的时间溶解、延长，继而又反过来将空间拓展、扩张。这也是中国传统园林的时空游戏和审美情趣，较之特别设置的建筑或植物类迷宫更见艺术性，又不留斧作痕迹。

建筑的空间属性为人所熟知，而建筑的时间性因其隐含于空间之中而难以为人察觉，但实际上当人们盘桓于空间之中的时候，时间要素无时无刻不介入其中，影响着人们对空间的感受和认知。人在空间中进行活动时，总是会借助对时间的计量而对空间的形状、边界、维度进行识别和判断。空间序列中的序幕、铺垫、高潮、尾声的完成，或起承转合，都需要有时间的参与和酝酿，如陵墓神道、园林中的游赏空间、宫殿及祭祀建筑中的行进空间等都是如此。北京天坛的祭天是一系列时空转换过程，在这个过程中完成祭祀者的祭天心路历程，皇帝由位于城市中轴线东侧的天坛西门入园，穿过两侧密林庇护的甬道登上丹陛桥，完成了人世与天庭的过渡。丹陛桥北端连接着祈年殿，那里是祭祈谷神、求得五谷丰收的地方，南端连接着圜丘，那里是燎告上天之所。皇帝行进在高高的丹陛桥上，俯视两侧茫茫林海，如穿行在云端，凡尘俗气为之一扫，人与天的交流就在这行进的时间中渐渐达成。通过在位于圜丘前的皇穹宇的短暂停顿和节奏上的铺垫，完成登临圜丘祭坛的时空转换。皇穹宇促狭封闭，反衬出圜丘的豁然开阔，象征天界的茫无边际；圜丘四周压低的围墙突出了三层坛体的崇高与伟岸，创造了与天相接、天人相应的意境。这一切都展示了高超的时空艺术。中国古代陵寝的神道布置也有异曲同工的时空构思，明十三陵长长的神道就是一曲慢板的长歌，通过大红门、牌坊、碑亭、石像生、祭堂、陵冢一系列设置，完成向历史和永恒的穿越，时间与空间、瞬间与永恒在其间达到了高度的融合。在中国传统的天地日月坛庙和祭祀类建筑中，多有这种时空艺术的构思与经营，时间在这里似乎静止沉寂，亿万年太虚被化作一瞬，展现了跨越时空、昭示永恒的艺术境界。另如山水环境中的一些景观建筑和园林中某些为静观设计的景致，人们将天地万物和世间沧桑投射于一园，观春华秋实，品四季轮回，借之思量自然、宇宙，回眸社会、人生，这种时空艺术的感染力是悠然而深邃的。

历史遗迹，包括古城、古街区、古村镇、历史建筑等，之所以具有魅力，除却建筑艺术上的审美价值外，还因为其中凝结的时间要素。凝结于历史长河中的时光折射和浸透在建筑实体上，通过与亲历者的交流互动而散发出来，这种历时性和时间感是奇妙而强烈的。一般的艺术作品，如一曲乐章、一部影片、一部小说，在其被播放或阅读之后，作品中给予我们的那种如影随形的时空感便随之飘散，但建筑的时空感似乎永远驻足在那里：也许是在面前断壁残垣的缝隙里，也许是在踏磨得光滑发亮的石板上，也许是在墙壁上模糊的弹孔中，也许是在门环上斑驳的锈迹里，或者慷慨陈词，或者默默私语。复建或仿建的古城、古镇、古街、古建筑，即便再亦步亦趋，惟妙惟肖，也难再现历史建筑的厚重与韵味，其原因之一就是它注入不了时间，而时间的注入需要经年的积累，无法一蹴而就。一座城市、一条街区，甚至一座单体建筑，一定不是那么纯粹地保留和展示一种风格、一种样式、一种工艺，而是随着历史的发展、时代的变迁、时光的磨蚀，因印刻下历代的万千痕迹而变得五彩斑斓，如此才能真正沉淀出历史感，这就是时间艺术散发出的耀眼光芒。

第五节　形式美学

建筑艺术是空间艺术，同时也是造型艺术，贯穿着视觉艺术的一般形式美法则，诸如比例与尺度、节奏与韵律、对称与均衡、统一与对比、风格与特征等。建筑的形式是建筑的功能和结构的直接外现，但也不是机械的对应关系，同样的功能或同一种结构形式可以产生截然不同的外观形式，在空间组合与外在造型上有着极大的选择性和自由度，即建筑形式本身具有一定的审美法则，遵循人们的审美心理结构。

成功的建筑艺术作品往往都体现了形式美规律，然而所谓形式美并没有独立于人的认知之外而存在的绝对标准，而是人的审美心理结构的外在反映。美是主客体统一的结晶。

一、尺度与比例

1. 尺度

中国古典建筑基于材料及其构造交接方式，始终未超越以人为本的尺度。即便是体量高大的楼阁，抑或高耸入云的砖塔，都有其根植于人体和用材的量度，从而使人能够准确地判断和真切地感受建筑的体量，并得到宏大、壮美、高耸等审美感受。

尺度包含着两方面的内容，一方面是建筑本身根据其性格、功能等内在特质所应具有的空间和形体的正确尺度设计，正确的尺度可以使人准确而真实地感觉和判断建筑的实际体量和大小，正确感受空间的高敞与促狭。正因为如此，将尺度进行反常和变异的处理，也可以得到特殊的效果。简而言之，正确的尺度设计是使观赏者感受到建筑物真实的体量或让真实的体量显现得更为高大宏伟，就大体量的宫殿建筑和祭祀建筑而言尤其需要如此。成功的建筑设计通常会设计或创作某种视觉单元或元素，这个单元是人们通过生活经验和审美体验能够把握的某种量度，人们进而以这一量度为标准，使整个建筑与之产生比对关系或数字关系，最终感受建筑物的宜人或超凡。在这些视觉单元中，通常那些与人体功能相关的构成元素最易被用来当作比对标准，如柱高、窗下墙的高度、踏步、栏杆、扶手、建筑装饰等，进而可以引申或扩展为门窗、出檐、斗拱、开间等。总之，凭借对与人体关系密切的构件或部件的尺寸的感知，人们串联起建筑整体之间的相互关系，进而感知建筑的宏伟壮丽或精巧灵秀。比如密檐的飞虹塔，檐子是最重要的构图元素。人们对檐子有着通常的感觉经验，设计中通过一定的艺术处理，如利用塔檐间距的视觉经验，使塔体显得伟岸高耸。

另一方面，尺度感也是每个民族特有的审美心理，以人为量度是中国传统建筑艺术审美的一个内在特征。中国传统建筑中没有脱离现实生活的非常尺度：有高大雄伟，但不是高不可攀；有细致精巧，但不是烦琐芜杂；强调结构的合理，同时对结构加以艺术处理；注重装饰的悦目，同时给装饰加以理性解释；开阔的环境视野，不超越人可以把握的正常尺度；曲折的园林空间，不损害整体的气韵风度。中华民族的文化传统决定了民族审美的尺度是人性的尺度。李泽厚说："不是孤立地摆脱世俗生活、象征超越人间的出世的宗教建筑，而是入世的、与世间生活环境连在一起的宫殿宗庙建筑，成了中国建筑的代表。""实用的、入世的、理智的、历史的因素在这里占着明显的优势，从而排斥了反理性的迷狂意识。"需要补充说明的是，与本质是迷狂的宗教意识相关联的宗教建筑和祭祀建筑在中国建筑中虽然占很大比重，但它们却都充满了人情味，是以人性的尺度去欣赏、认识和创作的，而这正是人性尺度的重要标志。

这种人本主义的理性精神，还表现为以人的知解力作为创作的客观尺度。它要求建筑的空间比例、组合方式、装饰手法、结构机能都是人所能理解的，所能接受的。无论多么崇高神圣的建筑，都没有像埃及的金字塔、巴比伦的观星台和中世纪的哥特教堂那样脱离人的知解力的超级尺度和神秘意义。中国建筑没有高不可攀的尺度，没有逻辑不清的结构，没有节奏模糊的序列，没有不可理解的造型，也没有莫名其妙的装饰。而且这种人的尺度不限于外在的形式表现，更要求深入内在的情感含义，这也是中国传统建筑在理性精神的世界里对人性的探求。

在研究建筑的尺度时，通常要涉及建筑的体量，这是建筑艺术有别于其他视觉艺术或造型艺术的一个重要形式特征，因为建筑往往是在一定体量的前提下才产生尺度问题，建筑正是靠占有空间的庞大形体给人的视觉以强烈的冲击：或震撼，或压抑，或崇高，或宏伟。

相对西方古典砖石结构建筑体系，中国传统木结构建筑并不强调绝对的建筑体量，而更注重对比中相对的建筑体量，同时通过和自然环境的呼应、建筑单体之间的对比与建筑本身尺度的把握，来塑造建筑的宏大气象。

体量与建筑技术有着密切联系，中国传统建筑由于采用木结构体系，受到木材自然尺寸的制约，一般不可能具有超大体量。同时，木结构的结构方式也不宜建造超大体量的单体建筑。因此，中国古代建筑匠师采用两种方法来取得建筑的宏伟效果。一是依借非木结构本身的夯土、砖石构筑物等衬托和塑造建筑主体。如早期采用过高台建筑的形式，主要目的就是增加建筑的体量，实例如中山王陵。另有一些景观建筑是借助城台的烘托，如历史上著名的一些楼阁建筑，取得了单体建筑难以取得的效果。此外也有同时利用建筑单体的组合构成较庞大组合体的，如黄鹤楼、滕王阁等。二是利用地形地势烘托建筑体量，以寺观和园林景观建筑最具代表性，如武当山紫霄宫、颐和园佛香阁等，都是颇具匠心的建筑创作范例。

2．比例

尺度是一种相对的概念，而比例则是一种具体的数字关系。在造型艺术中，比例是指局部与整体之间的匀称关系，是协调造型构图关系的基本手段，比例的选择还取决于尺度、结构等多种因素。凡是成熟的建筑造型，都能使人通过知觉获得鲜明的比例美感。中国传统建筑能使人从抽象的比例中感受到具象的美，这种比例美包容着社会的、伦理的、宗教的以及技术的内容，大大加深了美感的广度与深度。

古希腊哲学家毕达哥拉斯认为："美是和谐与比例"，"整个天体就是一种和谐和一种数"。该学派发现了黄金分割率，并用其来解释建筑、雕塑等造型艺术形式美的原因。亚里士多德认为，美的物体"不但它的各部分应有一定的安排，而且它的体积也应有一定的大小"。文艺复兴艺术家达·芬奇明确宣称：美完全建立在各部分之间神圣的比例关系上。古罗马建筑学家维特鲁威和现代建筑大师柯布西耶还将人体比例引入建筑之中，用来探讨建筑比例的美学规律。古希腊神庙和中世纪哥特建筑普遍采用了黄金分割的比例。在文艺复兴时期，黄金分割被奉为"神奇的比例"。19世纪德国学者蔡辛认为，自然界和艺术中存在大量符合黄金分割的比例关系，它是取得协调的基本规律。此外，西方古典建筑中还采用了自然数列的数与其他无理数相配合的比例。中国古代建筑同样是在对建筑比例关系的探索中成熟起来的，这其中也同样伴随着以人体尺度和比率为单位构造建筑比例关系的努力。

建筑中的比例可以包括三方面的含义：一方面是部分与整体之间的比例关系，比如门窗或斗拱大小尺寸与建筑整体的关系；二是局部与局部之间的关系，如台基、屋身与屋顶的比例关系，柱高与出檐的比例关系；三是局部内相互尺寸的比例关系，如开间自身或门窗自身的长宽比例。这些比例关系的合恰产生了建筑总体的和谐，给人悦目的视觉感受。

合恰的比例既来自视觉对象内在的一种客观比例，如黄金分割律，也来源于人们生活中的观察和习得。大自然与生物界本身就有着和谐的比例，人们观察植物、动物及人类自身时发现，自然界的比例关系无处不在。这种比例关系不但联系着功能要素，也包含着审美内涵，这使人类对视觉对象有一种天然的审视眼光，这种审视的眼光同样被延伸到包括建筑等人造物上。一般说来，比例只是抽象的关系，但也积淀着某种文化内涵，比如古代希腊建筑的立面开间为竖向矩形的构图，而中国传统建筑的立面开间则为横长的矩形，宋《营造法式》中说"柱虽长不逾间之广"。

就单体而言，至迟到唐代，中国已经形成了一套完整成熟的比例关系，至宋已经总结为完整的数字比例，宋《营造法式》中对木构建筑的比例权衡有着全面系统的描述，即体现在其材分制的模数中。明清时期的斗口形式继承了这种模数制度，数字比例关系也更为细致精确，特别是面阔与进深、柱高与柱径、上出与下出等比例关系。体现在各个具体部位上的比例关系还包括收分与侧脚、步架与举架、收山与推山等做法中的数字比例，建筑各部位构件的数字权衡，如清式建筑柱高一丈，出檐三尺，面阔与柱高之比为1.2：1，檐步椽子斜度1：0.5，顶部1：0.9，中间递减。此外还有梁高与梁宽、墙高与墙厚、门宽与门高、窗高与窗宽、斗拱的出跳与升高，以及槫格等建筑构件本身的断面尺寸，等等。

中国传统木构建筑在长期发展和完善过程中，由于功能、结构和构造的需要，纵向上形成了屋顶、屋身、基座的三段式组合，唐宋时期的单体建筑在立面构成上被划分为上分、中分、下分三段，并相互间形成了稳定和谐的比例。明清时期，三段的比例关系基本为5：5：1。其中屋顶与屋身为1：1的关系，显示了屋顶在整体造型中的重要地位。与围合实用空间的屋身功能不同，屋顶主要起构造方面的作用，其在形体要素上的比重使其在艺术造型中占据了重要地位，使得中国传统建筑有大屋顶之称。屋顶的高度不仅是形式上的刻意设计，其实它和建筑平面的进深密切相关，按照传统建筑屋顶的计算方法，进深越大，屋顶越高，因而控制屋顶高度的内在要素是控制建筑进深与开间之间的合理比例。此外屋顶比例也是鉴定时代风格的一种手段：早期建筑屋顶坡度较缓，占比稍逊；明清时期建筑屋顶陡峻，占比增强。时代风格上舒缓和峻拔的差异即由此产生。

屋身开间与进深的比例决定一座建筑的宏伟、庄重、轻盈、舒展等，总体气象很大程度上取决于与体量相关的开间与进深的合理组合。中轴线上的主体建筑一般都选择较大进深，一方面满足其内在功能的要求，另一方面更是利于提高屋顶所占构图比例，以便加强其屋顶的体量，以形成重要建筑的宏伟气势，更好地控制全局的态势。而轴线两侧附属建筑，如配殿、廊庑等均减少进深，以降低屋顶高度，使其比例更符合自身性格和身份。

面阔方向的开间比例也是特别需要讲究的，如通常中间宽，两侧渐窄，即明间（当心间）、次间、稍间（尽间）形成递减关系，使主次明晰，聚拢视觉焦点于中心。开间本身在二维量度上是有着比例要求的，如"柱高不逾间之广"既强调了开间立面的面阔与柱高的比例，更意在控制屋身整体比例的横长形态。正是这种比例关系使我们感觉唐宋建筑构图扁平，风格舒缓，而明清建筑开间与柱高比例相对竖高，风格也相应高峻。

再细而化之，柱高与柱径也存在严格的比例关系，如以柱径为一单元，其柱高应是其 10 ~ 12 倍，由此构成合适的高细比，成为力量感、稳定感、安全感及美感的基础。此外如梁长与截面的比例、梁枋及斗拱断面的比例、斗拱在立面中的比重及出跳的比例关系等，都与人们的审美感受和体验紧密地联系在一起。

二、节奏与韵律

事物的运动具有某种周期性和变异性，由此形成了韵律和节奏。韵律表现为运动形式的变化，它可以是渐进的、回旋的、放射的或均匀对称的。节奏是周期性的重复，它往往伴有规律性的变化以及数量、形式、大小的增减。人们很早就发现，自然界中运动着的事物充满着富有节奏和韵律的现象，如天体运行、四季变化都是按照某种规律和节奏运行的，人的呼吸与脉搏的跳动、动物的行走与奔跑、飞鸟翅膀的扇动，都显示了生命的律动和美感。人们喜欢把建筑比拟为音乐，称建筑是凝固的音乐。美学家宗白华说："音乐和建筑的秩序结构，尤能直接地启示宇宙真体的内部和谐与节奏，所以一切艺术趋向音乐的状态、建筑的意匠。"说建筑类似音乐，这其中包含了两方面的寓意，其一是建筑形式构成中包含有类似音乐中节奏和韵律的要素，其二是两者都包含有时间要素。音乐是时间的艺术，建筑除空间要素外也包含时间要素，即人们穿越空间的过程包含了时间的量度，如此产生了诸如节奏感、韵律感等美感。

1. 节奏

节奏最初产生于劳动，人们发现节奏可以使劳动在生理上的劳累感减轻并产生心理上的愉悦感，从而使得对节奏的感受由具体的劳动中分化出来，而形成带有普遍性的节奏感。建筑的节奏美首先表现在重复上，可以是间距不同、形状相同的重复，也可以是形状不同、间距相同的重复，还可以是其他方式的单元重复。这种重复的首要条件是单元的相似性，或间距的规律性，其次是合逻辑性。重复是建筑构图的一个重要特点，由于材料、结构、构造、经济、施工等方面的原因，采用相同或相似的构件及组合方式，采用相同或相近的布局单元，在建筑构思和设计中是不可避免的，由此建筑的空间、造型乃至装饰中产生了大量重复性的视觉单元。单体中有开间、柱列、斗拱、屋檐以及大量建筑构件的重复，组合体中有屋顶形式及构成方式的重复，在群体布局中还涉及建筑单体和院落空间样式的重复。但上述这些重复并非无序而杂乱的重复，而是有规律的重复，从而产生了建筑艺术中的节奏美感。例如，颐和园中的长廊共有273间，采用了等距开间尺寸，即统一的构架方式，构成了富有节奏感的空间构图。卢沟桥为华北最长的古代石桥，11个桥孔采用相同的线型，在水面的映衬中似乎能听到整齐的节拍；桥上两侧石雕护栏各有140根望柱，柱头上均雕有石狮，仿佛整齐排列的琴键，节奏感跃然而出。再如高耸的密檐塔层层挑出的飞檐、神道上依次排列的石像生等，都是富有节奏感的布局与构思的佳例。一般而言，重复本身并不产生美感，而只有当它与生命律动产生共鸣的时候，美感才油然而生。

对节奏的欣赏和体验也受到民族审美心理的影响，从而形成对建筑艺术的审美评价。从总体上看，中国人的审美节奏偏重于平缓、含蓄、深沉、流畅、连贯，很少大起大落，乐而不狂、哀而不怨。一件建筑艺术作品，犹如一曲乐章，有明确的主调，但更注重基调、和声；有鲜明的节拍，但更注重起承转合；重在对整体格调的把握，而不是沉溺于某一段曲调、某几个旋律的技巧表现。审美心理中的节奏也决定了中国建筑的时空关系，即按照线的运动，将空间的变化融合到时间的推移中去，又从时间的推移中显现出空间的节奏，因此中国建筑特别重视组群规划，重视序列设计，重视游赏路线的安排。乾隆时避暑山庄松林峪沟底建有一小园林，由峪口几经曲折，才到园林门前，园林取名"食蔗居"，就是将赏景比作吃甘蔗，越到根处越甜，渐入佳境。中国建筑群体重于单体，环境重于建筑，就是从审美心理的节奏要求出发的。

2. 韵律

韵律是构成形式美的重要因素，韵律是有意味的重复，或者是有规律的变化，产生一种或者起伏跌宕或者婉转悠长的乐感。节奏的核心是节拍，而韵律的核心是旋律，从审美角度来看，建筑和音乐是人类特有的抽象思维和创造力的表达，是对韵律、重复、节奏等宇宙规则的重新编织。

在建筑艺术中，不但群体的高低起伏、疏密聚散饱含韵律，建筑个体中的艺术风格和具体建构也都有着独具特色的韵律美。万里长城依山就势、起伏蜿蜒，按一定距离设置高于墙体的烽火台，犹如五线谱上跳动的音符，产生了鲜明的韵律感。仍以颐和园长廊为例，在全长728米的廊道中，以排云殿中轴线为中心，东西两翼各有亭3座，呈对称布置。这些亭轩耸于廊脊之上，既有点景作用，又似支撑长廊的骨架，使整个长廊既富有节奏感，又产生起伏跌宕的音律美。又如北京的天宁寺塔，该塔为密檐式砖塔，平面呈八角形，底部为须弥座，须弥座上部是平座，上施三层仰莲座承托塔身。塔身以上即十三层塔檐，逐层收叠，轮廓线形成丰满柔和的收分，使得该塔格外雄伟壮丽。整个砖塔的竖向构图节理清晰，下部舒缓而疏朗，上部则峻急而密集，起承转合手法精到。建筑学家梁思成曾盛赞天宁寺塔的建筑设计，称它"富有音乐的韵律，是中国古代建筑设计中的杰作"。应县木塔是世界上现存体量最大、最高的一座木塔，木塔平面为八边形，塔的外观为五层，因底层加有一圈称为副阶的外廊，故有六层屋檐。木塔的立面划分富于匠心，六层出檐与四层平座栏杆把塔身划分为十道水平线，使木塔在仰视中极富层次，同时平座与屋檐有规律地一放一收，产生了强烈的韵律感，使得外轮廓线更为丰富。底层副阶所伸出的屋檐远较其上各层深远，从而在视觉上把高大的塔体过渡到两层水平展开的平台上，再通过后者过渡到地面，使整座木塔极富稳定感和力量感。塔身自下而上有节制地收分，每一层檐柱均比下一层向塔心内收半个柱径，同时向内倾斜成侧脚，造成总体轮廓向上递收的动势。与此相应，各层檐下的斗拱由下至上跳数递减，形制亦由繁化简。依照总体轮廓所需用华拱和下昂调整各层屋檐的长度和坡度，如此不但创造了优美的总体轮廓线，而且也使檐下构件更丰富多变。该塔顶部的塔刹形制也极坚实有力，高度与塔的比例吻合，平添了木塔的气势与壮美。

三、对称与均衡

在地球引力场中，任何物体都受到重力的作用，垂直安置的物体要保持稳定就需要以立足于支撑面上的一条垂直线为轴保持均衡，在这条垂直线上形成该物体的重心，均衡的物体给人以稳定感并产生美感，对称是最简单最基本的均衡。建筑是人与自然之间的桥梁，对人而言，建筑是外在于人的物质存在；对自然而言，它又是人的外延。无论植物还是动物（人也是动物的一种），对称、均衡、和谐是其构成的基本法则，而人造建筑也同样离不开这些自然法则。我们面对自然界中的所有生命现象，如动物都是以对称为表征的，而植物则是以均衡为表征的，并构成了和谐的生命整体。人类在长期的生产生活和审美体验中，最终发现和体认到对称与均衡的美感。对称构成了生物结构的基础，以人为例，身体和五官都是严格对称的，美感不言而喻。生命体在运动或体位变动中，为保持稳定与平衡，表征均呈现出均衡，这在植物身上表现得更为典型，这是自然赋予生命美的基本特征。毋庸置疑，人们在早期建筑营造中，很自然地接受了生物构成样式的规律，其最简单最有效的方式就是采用对称的形式。这种形式不但方便实用、结构合理，也易于获得美感，适当加以强调或渲染，就能产生强烈的艺术感染力。对称与均衡使人产生美感也与人的视觉过程相关，人的眼睛在浏览物体时，是由一端向另一端扫描，当两端的吸引力相同时，人的注意力就会像钟摆一样摆动，从而形成视觉上的平衡。

1. 对称

在建筑中，对称一般有两种常见的形式，其中一种是轴线对称，或称镜面对称，即建筑中轴线左右两侧完全呈对称布置，犹如人体的四肢或五官。这种对称构图既涉及一座建筑的单体，也包括一组建筑群落的布局。讲究等级与秩序的中国传统社会尤其偏爱对称格局，祭祀和纪念性的建筑更是青睐对称性布局，因为轴线对称式的建筑具有稳重、平和、庄严的视觉效果。古今中外建筑均广泛采用对称性的布局，尤其宫殿、庙宇和陵寝，如埃及、希腊神庙、欧洲哥特教堂和伊斯兰清真寺。

另一种是中心对称，这种形式的建筑纯粹、庄重，更具有凝重、崇高、伟岸的气势，但其使用上的限制性条件较多，功能性相对较弱，并需要相应的外部空间作为前提和保证，故仅在一些神圣的或纯精神性的建筑上才被采用，典型的纪念性建筑如古罗马和文艺复兴时期的一些纪念碑、纪念柱，中国礼制建筑明堂，等等。

更多被采用的还是中轴对称的方式，这种方式易于实现，较少受自然条件的限制，同时也能够达到人们一般需要的艺术效果。实际上，轴线对称方式也和人们的行为方式和审美习惯有密切关系，当人们接近一座独立的单体建筑，或是一个庞大的建筑群落，总是要从某一个方向由远而近、由外而内地观照这个视觉对象，这就赋予了建筑正立面、侧立面、背立面之分。我们面对一座建筑，它的对称感主要来自正立面的左右对称关系，这种轴线对称的优点还在于可以强调和渲染空间的方向以及序列关系。在中国古代寺院，曾有过以中心塔为构图中心的寺院布局，后来由于供奉佛像的需要，逐渐被佛殿取代，塔无方向性，而佛像有方向性，因而后期寺院均以递进式的轴线对称方式替换了集中式的塔院布局。

庭院布局采取对称形式有功能方面的要求和技术方面的好处，也有对形式美的喜好和文脉延承的需要。在礼的制约下，强烈的择中意识进一步强化了对于对称的追求，因为只有左右对称，才能突出纵深中轴，因此庭院布局普遍呈现以纵轴为中心的左右对称格局。宫殿、坛庙、陵墓、衙署、书院等建筑组群的主体庭院，除极个别情况外，几乎都保持严格的对称布局。在周代宗庙中的平面布局中，以太祖庙居中，昭庙与穆庙分列于左右，秦雍城遗址中发现的秦公宗庙建筑较典型地反映了这种布局制度。这种制度在周代不仅施于宗庙，还扩大到墓葬："先王之葬居中，以昭穆为左右。"这种制度在以后的墓葬规划中被继承下来，清代的东、西陵也可视为这种制度的变体。

广泛分布于城乡各地的庭院式住宅，其庭院的基本形态也是对称的。如北京的四合院住宅，陕西、山西的纵向狭长院住宅，吉林的"一正四厢"住宅，福建的"厅井"住宅，浙江的"十三间头"住宅，云南的"一颗印""三坊一照壁"住宅，广东的"四点金""五间过"住宅等，无一例外都采取了对称的形式。只在受地形、功能、风水意识等制约的情况下，建筑才会变通地采用不对称布局。即使在这种情况下，住宅的主要庭院仍保持大体对称的形态，只在边角等部位做适当的调整，而形成局部的不对称。像北京四合院那样把大门偏置于东北角，则是受北派风水学说的影响，取"坎宅巽门"的吉利方位。这种做法也只造成前庭的局部不对称，住宅整体和主体庭院仍然维系着严格的对称格局。

2．均衡

自然界中的生命体虽然多呈现为对称式的构成，但其通常呈现的自然状态并不是静态的对称，而是动态的平衡，无论人体还是植物、动物，这实际上才是我们视觉能够捕捉到的常态，并赋予我们美感。建筑中的对称处理虽然使人感到安稳、沉静，但也不免令人觉得单调、呆板，缺少期待和悬念，特别是受很多外部空间和内部功能的制约，绝对的对称实际上很难满足，需要调节与变通。为不失稳定和匀称，均衡就成为对称的一种变体和补充，同时也是一种有意味的追求。均衡在古代已经成为普遍的法则，现代建筑设计中也不乏实例，既有达不成对称布局时的变通之计，亦有刻意与对称相异其趣的设计手法，既满足人们视觉和心理上的平衡感，同时以灵活打破单调，于统一中做出对比与变化，予人以丰富的感受。这种例子常出现在与环境结合较为密切的建筑类型中，如陵寝、山地寺庙、山地民居等。

建筑构图中均衡无所不在，方式多样，比如平面中可以有均衡的布局，立面上可以有均衡的布置，群体上可以有空间、体量、远近高低的调节等，从而使建筑群在整体上取得一种和谐效果。可以说，建筑设计与布局中不一定要对称，但一定少不了均衡；布局中对称不能一以贯之的时候，大多以均衡来补充。比如故宫平面以中轴对称布局，其中轴两侧构成多条附属轴线，这些副轴线各自又成轴线对称布局，但相互间不必严格一致，呈现出依照具体功能要求相应变化的情况，但总体而言不离均衡二字。

山地建筑是均衡布局的典范，无论寺院还是住宅，依山就势又兼顾整体排布有序，如四大佛山中的寺院建筑及西南少数民族的山地建筑等。以湖北武当山南岩宫为例，整组建筑虽然有一条清晰的轴线，但由于地势起伏多变，轴线两侧的附属建筑如钟鼓楼、配殿、踏步等均不求对称，错落腾挪，并用层层跌落的台基协调竖向关系，总体上极为均衡。不规则的建筑地段和高低起伏的地形常常是建筑布局不对称的重要原因。青城山古常道观的三清殿主院，由于地形的制约，纵轴上灵官楼轴线与三清殿轴线错位，横轴上东侧客堂轴线与西侧客厅轴线也错位，而且主庭向西拓宽而向东不拓宽，形成了殿庭前后左右参差自由的灵活布局。五台山罗睺寺的首进庭院也是如此，由于寺庙建于山地之上，受地形限制，入口山门偏东，而坐北的大殿偏西，两侧配殿的体量、形制也大相径庭，再加上偏置的佛塔，形成了完全不对称的格局。对园林建筑来说，因势利导地顺应自然地形是庭园布局的基本法则，如圆明园四十景中汇芳书院的抒藻轩庭院、濂溪乐处的菱荷深处水院，苏州园林中狮子林的燕誉堂前院、古五松园后院，拙政园的玉兰堂院、听雨轩院、海棠春坞院等。

故宫乾隆花园中的萃赏楼院是平面形态和围合要素的双重不对称，它们构成了灵活多姿、极富变化的庭园空间。萃赏楼院是乾隆花园的第三进院，设计者有意在这个原本规则的地段构组富有变化的空间，首先将中轴线向东平移了 3 米，形成萃赏楼与遂初堂的纵轴错位，又将配殿三友轩转了 90°，成南北向的方位，并使三友轩与西配楼延趣楼也形成横轴错位。院内满堆山石，山上建一座小亭，加上延趣楼两端游廊的错位组接，整个院子平面凹凸，轴线交错，高低变化，有效突破了乾隆花园整体的板滞格局。

四、统一与变化

统一与变化是建筑造型设计中的法则之一，也是重要的艺术处理手法。希腊数学家斐安说："和谐是杂多的统一，不协调因素的协调。"和谐是多样性的统一，是自然界对立统一规律的外在表现。统一感，或曰整体感，是建筑形式美中最重要的原则，也是人类审美心理的自然要求，人们总是希望所观察和欣赏的对象呈现出内在和谐、结构稳定、形式完整的效果，因为大自然、生物界、生命体都给我们传达出了这种和谐的暗示，而这种和谐的表征就是统一感、稳定感、协调感，并由此产生美感。统一感来自结构体是一个完整系统，系统内的各要素互相协同，并主次有序。毕达哥拉斯学派曾经指出，平面图形中最美的是圆形，立体图形中最美的是球形，这是基于整体考虑的，认为它们是完整和完美的象征。中世纪意大利哲学家阿奎那指出，完整、和谐与鲜明是构成美的三个要素。与统一相对立的则是凌乱、破碎，无美感可言。亚里士多德在《诗学》中就指出，任何杂乱、无序、支离破碎、相互冲突的结构在形式上是不会给人以美感的。然而世界万物又是丰富多样的，每个生命体都是一个缤纷世界，统一性的美感恰恰就是来自变化万千、丰富多样的构成单元的有机合成，而不是无机集合。统一的构成中没有变化、变异、差异作为呼应、对比，必然是单调、枯燥、沉闷的，全无生命活力，也就丧失了美感的基础和本质。所以统一与变化是辩证统一的，二者相辅相成。在中国传统文化中，统一性是居于主导地位的形式法则，变化是其不可或缺的补充，在形制、样式、做法、装饰、色彩等方面都能发现人们对二者的艺术思考和审慎把握，或者形成对比，或者形成呼应，使建筑呈现出既具有整体感又具有生动性的艺术效果。

传统中国社会的大一统思想构筑了中国人处理群体艺术的审美基础，整齐划一、千篇一律，形成了中国建筑的审美习惯。这种习惯贯穿在时间纵轴和空间横轴两个向度上，时间纵轴是自秦汉时期建筑形制形成以来，至唐宋而明清，其风格只是在统一中加以变化，统一是主旋律，变化是复调。横轴上是以京城为中心向全国辐射，直至每个民族和地区，虽有地方风格的变化，但中国传统木结构建筑的本质特征浸染到所有地区和民族的建筑文化之中，这也是中国大一统国家形成的文化特质和现象。这种统一性还表现在建筑的类型上，中国传统建筑依据功能和形制要求形成了各种统一样式，如寺院布局中的伽蓝七堂、陵寝中的神道导引及各地方民居中的惯有布局和样式等。在空间向度上，传统建筑群组在布局、形式、风格、色彩、装饰方面形成统一的整体，由此造就浑然的气象，如唐长安城中的里坊千坊一相、整齐划一，明清北京城中的四合院万户同构、井然有序。这种统一性使建筑群，特别是城市这种庞大的聚落群形成强烈的秩序感、整体感、厚重感。统一感负面的审美印象难免是单调与僵硬，于是就产生了调节这种视觉印象的做法，即在不影响整体统一感的前提下，调整局部的构成组分或要素，形成局部与整体、局部之间的对比和差异，从而提供丰富的视觉审美体验。

中国传统建筑的样式颇富哲理意味，初看几乎千篇一律，细看却是千变万化，即所谓千篇一律中又不失千变万化，千变万变又不离其宗，这个宗就是内在的统一感。中国的单体建筑有许多不同的名称，除了楼、阁是多层房屋，台、坛是无盖平台，廊可以无限延长，亭可以独立以外，其他如殿、堂、门、庑、室、房、榭、轩、馆、厂等名目，大多是指所处位置及使用上的区别，样式则基本相似。但当它们处在一个群体或特定的环境中时，那千篇一律的样式就有了个性，有了风格。如前为门，中为殿，后为堂，侧为房；水边为榭，高处为轩，靠岩为厂，别院为斋，园中为馆等。就单体式样来说，不论大至宫殿主体，小至堆房侧屋，都由屋顶、屋身和屋基三部分组成，这都是千篇一律的。但每一部分又有若干不同的样式，以屋顶而论，有硬山、悬山、歇山、庑殿和攒尖五种基本形式，配置于不同平面的屋身，就可以出现重檐、三重檐、十字脊、龟头殿等千变万化的样式。一座单体建筑，或某一部分的样式，很难说它们美或不美。一座普通的五间殿，在庙宇的环境中可以是巍峨堂皇的正殿，显得严肃端庄；在园林的环境中也可以变成情趣盎然的馆轩，显得轻松活泼。一座亭子，放在山水间就充满了画意，放到午门上就表现得雄伟轩昂。

1. 统一

中国古代的模数"材"的核心作用就是建立统一的规矩和范式，材又被称为章，章即章法，亦即用材制度，"构屋之法，其规矩制度，皆以章（材）契为祖"，"举止失措者，谓之失章失契"。统一感通常可以来自对这几个方面的把握，即单一的主题、统一的母题、统一的构图和处理手法、统一的材料和色彩等，从而形成风格。

以故宫为例，主题思想无非是彰显至上的皇权，建筑的格局、布置、形制无不突出这一思想。平直、方正、对称、重复是各组建筑平面的布局原则，每组建筑采用相同的轴线对称的院落布置，每座建筑采用相同或相近的构成方式。统一的白石台基、黄琉璃屋顶，形成统一的格调，渲染浓烈的皇权气势。再如北京天坛，敬天是它的主题，天为圆，圆是它的母题，故而园中的祭坛、建筑、墙垣均以圆形为构图原则，如祈年殿、皇穹宇、圜丘等主体建筑均为圆形平面；天为蓝，故以蓝色为主色调，如建筑、门、墙体均覆盖蓝色琉璃瓦，象征银河天汉，统一之感，登峰造极。建筑艺术中，为了突出统一感，或避免对主题和整体产生不必要的干扰和削弱，还常常采用母题或构图单元不断重复的手法，来加强整体效果，如栏杆、柱廊、斗拱、彩画、门窗等的处理。对较复杂的组合形体，传统建筑中常见在体量、形体和位置上采用强调主从关系的处理手法，使人们在形体的感知上能感受秩序和规律，从而可以有效地取得统一感。在更为复杂和较为离散的形体组合或群体组合中，还可以在各个组分中采取统一的细部处理，如装饰和纹样，进而产生整体感。

统一是建筑本身所应具有的品质，建筑学家梁思成在阐述建筑统一感时，以颐和园长廊为例：想象长廊如果每根柱子都追求变化，比如圆柱、方柱、八角柱、盘龙柱等，那会是什么感觉呢？混乱而已，显然缺少了基本统一感，虽然极尽变化，也并不能产生美感。

2. 变化

统一是多样性的统一，没有多样性的变化和差异，统一就会变为单调和平淡。变化是统一的必要补充，二者往往相辅相成，即没有统一将杂乱无章，但统一若无对比相呼应，无变化相衬托，则必然单调沉闷，无从表达统一构图手法中蕴含的统而领之的气质与精神。从这个意义上说，变化包含了微差、衬托、呼应、对比等多方面内容。

微差表现为渐变，反映了事物变化的层次性和连续性。微差是统一表情之中的细部变化，如檐下斗拱，角柱、柱头、柱间位置的组合方式与繁简程度都是根据其功能和位置而有所变化的，在转角部位要增加两个方向的表现力，在柱头部位要展现其支撑梁架荷载的力道，柱间平身部位则展示其轻盈的体态，让人感觉到丰富的变化，但总体上仍表现出相对一致的风格。再如中国古塔的竖向处理，无论楼阁式塔，还是密檐式塔，都是在竖向上采用重复的檐口和平座层层叠落，突出与天相接的高耸气势，但在每层的细部设计中都采用有所变化的处理，如逐层降低间距，逐层向内收分，逐层简化装饰等。仍以应县木塔为例，塔身自下而上有节制地收分，每一层檐柱均比下一层向塔心内收半个柱径，同时向内倾斜成侧脚，造成总体轮廓向上递收的动势。与此相应，各层檐下的斗拱由下至上跳数递减，形制亦由繁化简，全塔内外檐斗拱共有 54 种变化，集各式斗拱之大成。依照总体轮廓需要，以华拱和下昂调整各层屋檐的长度和坡度，不但创造了优美的总体轮廓线，而且也使檐下构件更丰富多变。上海龙华塔，江苏苏州瑞光塔、报恩寺塔，浙江雷峰塔等也是这一时期著名的作品，其构图手法有异曲同工之妙。

衬托和呼应是在复杂的统一体中以主次的差异来突出主体，以组合的丰富且有序来显示主题思想，这在以院落布局为原则的中国传统建筑群体构思中表现得极为充分。以敦煌壁画中的寺院为例，院落及相关的建筑是一个整体，这个整体中有门、前殿、大殿、后殿、配殿、朵殿、角楼、环廊、月池等，虽然建筑形制、风格和谐统一，但体量、造型、装饰互有差异，各有特色，形成拱卫簇拥之势，造就完美的艺术效果。

对比是极端的变化，是变化中产生的质的差异，可以表现在空间、体量、形状、方向、虚实、线型、色彩、质感等方面。利用对比可以提高人们对差异的敏感程度，甚至产生视错觉。就对比本身而言，创作手法也可以多种多样，如在统一的格调下，有空间的开合对比、建筑位置的高下对比、建筑体量的大小对比、建筑样式的差异对比、建筑装饰的繁简对比、建筑色彩的浓淡对比、建筑材料的质感对比等。对比也是一种极端方式的协调，对比双方在迥异中含有某种默契。对比的真谛不是使对方逊色，而是使对方原有的特色更为彰显。对比中也内含着包容，通过对比，它们实际在维系和凸显某种共同的意象，诉说共同的追求。颐和园前山景区雄丽开敞，后山景区曲折幽深，二者空间反差强烈，但都彰显了自然的雄奇和美妙。北海画舫斋，前院采用方正对称的布置，后院则采用自由灵活的园林设计，规整与自然相得益彰，相映成趣；北海小西天以四角方位的四座小亭子对比中央的方亭，同是重檐四方攒尖式样，同是黄琉璃绿剪边屋顶，但体量悬殊，构成众星拱月般的效果。新疆喀什阿帕克和卓麻札采用了四角光塔与中心穹顶，既有对比又有呼应，手法和北海小西天异曲同工。北京辟雍采用圆形水池和方形殿宇，形成方圆对比，同时象征天地相应，教化流行。布达拉宫也是采用对比手法突出建筑主题的成功范例：代表不同功能的红、白、黄三色建筑形成强烈的色彩对比，粗石砌筑的白色墙体与红柳编垛的檐口形成刚柔对比，红宫之上熠熠生辉的鎏金屋顶与厚重沉稳的墙体形成材质的轻重对比等。这些都是对比手法的经典运用。

第六节　意境美学

建筑艺术不会像音乐、美术等用艺术语言直接塑造某种形象、观念，而是通过空间组合、形体、色彩等间接地表达建筑的主题思想。建筑是抽象的艺术，它要传达的是诸如崇高、伟岸、威严、肃穆、优雅、神秘等高度抽象的情感，同时也营造令人心旷神怡的空间氛围。建筑艺术所创造的是普世、正面、向上、积极的精神追求和价值取向，这其中既有较为彰显的方式和手段（如象征）；也有较为含蓄的表达（如隐喻），还有需要心领神会的意境经营。这些表达方式给建筑增添了丰富的表现力和感召力，也成就了建筑艺术的博大。

一、象征与隐喻

德国哲学家黑格尔认为，建筑属于象征型艺术，它的形式与内容还没有达到统一，而只是建立了某种联系，以外在的形象去暗示所要表现的内在意义。建筑形式受到物质功能的制约，其艺术特征在于它的象征性和暗示性。象征和隐喻的思想主题作为建筑美的不可分割的组成部分，常被用于表达某种社会精神和社会理想。

1. 象征

建筑的布局及建筑的形象与具有一定主题思想的形式发生关联，象征性就产生了。这种象征性可以是一种类比，也可以是一种联想和延伸，如秦始皇扩建咸阳，以正宫象征紫微、渭水象征银河、南山象征门阙、池岛象征东海蓬莱。中国园林中常布置一池三山的水景，意在象征东海神山，比喻人间仙境，据《列子·汤问》篇记载："渤海之东有五山，即岱舆、员峤、方壶、瀛洲、蓬莱，其上台观皆金玉，其上禽兽皆纯缟，珠玕之树皆丛生，华实皆有滋味，食之皆不老不死，所居之人皆仙圣之种。"志怪小说《十洲记》中亦记载："八方巨海中有十洲，其上有神芝仙草，服之令人长生。又有玉石千丈，出泉如酒，饮之使人不死。洲上林木丛生，高或数千丈，大或二千围，有金琉璃宫、紫石宫，皆仙家风俗。"这些画面所描绘的景象在古人看来并非全是虚妄，就当时人们的想象力所能达到的程度而言，这种对仙境的描述和憧憬是很自然的，表达了人们所追慕的生活理想。在园林中，这种理想化作种种物象，成为历代园林的景观主题之一。秦始皇在宫苑中作长池，引渭水，筑土为蓬莱山；汉武帝掘太液池，池中堆蓬莱、方丈、壶梁、瀛洲诸山。自此，在园中掘池筑岛再现神山，就成为一种普遍性的造景手法。实际上神仙思想并非只是促成池岛形式一种布局，而是影响着整个园林的主题意境和环境氛围的创造。《投辖录》中曾载宋真宗建造的一处园林："遂引群公及内侍数人入一小殿。殿后有假山甚高，而山面有洞。上既先入，复招群公从行。初觉暗甚，行数十步则天宇豁然，千峰百嶂，杂花流水，尽天下之伟观。……有二道士，貌亦奇古……所论皆玄妙之旨，而肴醴之属又非人间所见也。鸾鹄舞于堂，笙箫振林木……上曰：'此道家所谓蓬莱三山者。'"

在园林艺术中再现虚幻的仙境，实际上并不仅是指对某种确定的景观形貌的追求，而是意在满足人们捕捉和陶醉幻梦的心理要求。这种要求在园林中可以外现为两种体验。一种是金石玉树的洞天福地，以其种种可发人奇想的实在景观模拟幻觉中的仙境，求得耳目间的愉悦。如宋人张功甫以"园池声妓服玩之丽甲天下"，尝于南湖园建驾霄亭于四松间，以铁链悬之于半空，当风清月夜，与客人乘梯登之，飘摇云表，恍然如游仙。又如明代的玉阳洞天别业，其景观诸如玉光阁、灵应亭、凝玉亭、沸玉桥、隔凡桥、玉虚堂、丹室、环玉冈、仙寓、来仙桥、盘玉隈、集灵谷、缥缈峰、三珠洞、双仙石、瑶台等，无疑是在创造一种人间仙境。另一种是与上述以物寓境的体验不同的方式，即更注重意境本身的高妙，并以此展示园主神仙般的飘逸风度及身在俗中、心在俗外的心巧。圆明园福海中央题名为"蓬岛瑶台"的三岛楼阁可谓这一追求的代表。

从秦汉至明清，这种追求仙境的意趣无疑给园林造景带来了很大影响，或者建琼楼玉宇、灵池瑶台，构尽人间幻界，或者养鹿畜鹤，闲逸潇洒，"自谓是羲皇上人"，景异而境一也。就中国古典园林的景物本身而论，虽然是源于对自然对象的摹写，但也无疑渗透了古代中国人对人生世俗图景的种种构想，或者幼稚，或者虚妄，或者俗艳，或者清幽，但总是不同程度地流露出一种对生活本身的赞美和对理想人生的追求。同时，这种追求在客观上也起到深化造园手法的作用，并大大丰富了园林景观的内涵及外在表现力。

汉魏以前，城关、宫殿前列双阙，同样有着象征作用。《上建阙表》中说，建立双阙是表示帝王有爱礼之心，双阙"式表端园，仪刑万国，使观风而至。复闻正岁之典，遐想之士，少寄怀古之目"。与阙相类似的是华表、牌坊等有纪念意味的建筑，华表"以表王者纳谏"，"彰善瘅恶，树之风声"。牌坊"原属朝廷之钜典"，用来表彰德政，或作为路标，"增都会之崇观"。大门（包括宫门、陵门、城门、庙门、戟门、辕门等）的象征意义在于"乾坤出入无穷象，夷锹关防有限心"，所有这些率先进入空间序列的建筑，经过处理，便能起到象征的作用，审美价值远远超过它们自身的实用功能。

中国古代建筑外部空间设计中的象征，常采用比附的方法，将一些具有特殊意义的数字用到建筑上。如《周易》所谓"九五之尊"，其"九"和"五"，就是两个神秘数字，象征最尊贵、最威严的皇权，在北京城和北京宫殿中多有采用，以表皇帝的尊严。天安门城楼建筑平面面阔即为九间，进深为五间，合而即为"九五"。北京城由外城正门永定门到紫禁城正殿太和殿前的太和门，包括瓮城城门在内，共有九座门（永定门瓮城、永定门、正阳门瓮城、正阳门、大明门、天安门、端门、午门、太和门），而由皇城正门大明门到太和门，则有五座门，也是"九五之尊"的象征。当然，这种比附是立足于建筑外部空间符合形式美规律基础之上的，既要满足人的实际需要，又需创造出完美视觉形象和空间形象，还要使整个组合富于内在的有机韵律，并使其具有一定的象征意义。

天坛平面形状呈南方北圆，附"天圆地方"之说。祈年殿是天坛建筑群中最重要的部分，在设计中采用了一系列象征手法，以丰富其内涵和取得内在统一。如支承下檐的十二根檐柱象征一天的十二个时辰，支承中檐的十二根内柱象征一年中的十二个月，两组相合又象征一年中的二十四个节气，支承上檐的四根中心"龙柱"则代表四季等。天坛的建筑布局与空间处理也具有深刻的象征寓意。天坛建筑群的主轴线并不居于正中，而是向东偏移约20米，用意为加长从西门入坛的距离，渲染远人近天、超凡入圣的气氛，同时采用大面积的青松翠柏，形成绿色林海，使环境肃穆而富有很强的纪念性。建筑处理上除广泛采用象征手法以造就内在的和谐与统一外，还使用了多种对比手法，以造就丰富的群体艺术效果。如轴线两端的祈年殿与圜丘以高耸的形体和低平的形象形成对比，皇穹宇圆院的封闭与圜丘的开敞形成对比，以及皇乾殿小院与祈年殿大院的方圆、开合形成对比，等等，都极成功。此外，透过皇穹宇院门望皇穹宇和透过祈年门望祈年殿均有剪裁适度的完美构图，是建筑设计上的大手笔，反映了古代匠师高超的艺术素养。

2. 隐喻

隐喻也是传统建筑常用的艺术手法，需要通过体验者或观赏者的体悟和联想，直接或间接地展现某一主题思想或某一景观意象。以颐和园为例，昆明湖东岸设有铜牛，西岸辟有耕织图，让人因牛郎织女而联想到银河天汉的浩瀚无际。颐和园西堤的景明楼取范仲淹《岳阳楼记》中"春和景明，波澜不惊"之句命名，此时又以昆明湖意指洞庭湖乃至天下，提醒为政者时刻不忘"先天下之忧而忧，后天下之乐而乐"。地异而心同，景异而境一，所谓循其名而不袭其貌。

中国传统建筑艺术创作中最为直接的隐喻手法是，通过文字或其他艺术形式进行提示。在建筑中或近旁，设置匾、联、牌、碑、坊以及雕刻、绘画等来说明或者寄托某种思想，这是中国人一种很特殊的审美方式，它既是直接的理性提示，又能起到审美的揭示作用。中华民族的审美观比较含蓄，意蕴甚于直白，然而在建筑艺术中使用了直接提示说明的手法，但所提示的内容往往又是含蓄的，所以它的审美特征仍然具民族性。提示的内容与建筑形象可以没有必然的关系，佛寺与道观、府邸与衙署、节孝坊与街巷坊、宫殿华表与陵墓华表、寺庙园林与私家园林、神仙楼阁与世俗楼阁、皇宫殿宇与寺观殿宇、登高远眺的亭榭与坐石临流的亭榭，都没有本质区别，它们所要求表现的内容，就只有通过题名敷文加以提示，建筑的审美价值也就全部体现在那工整优美、铿锵动人的箴言雅论与清词丽句之中。昆明大观楼，不过是一座普通的楼阁，只由于那副极长的对联囊括了纵横万里、上下千年的时空，也就有了特殊的审美价值，给予人的美感也就大大不同于其他楼阁了。人们提起岳阳楼、醉翁亭、黄鹤楼、滕王阁、鹳雀楼，几乎都是首先想到那脍炙人口的唐宋诗文，这些楼阁因而有了自己的个性。自古临水的亭子何止千百，但自会稽兰亭曲水流觞的佳话一出，兰亭便成为亭子美的冠军。宋朝不知有多少园林池馆，但自陆游《钗头凤》以后，沈园的美就脱颖而出了。一座大殿名叫"太和"，便有皇宫之美；名叫"祾恩"，便有肃穆之美。三间小房，题作读书作画的书斋，便显得雅致；题作赏花玩景的亭榭，便显得幽静；题作崇礼的祠堂，便显得严肃；题作佛道临凡的殿堂，便显得超逸。在这里，建筑似乎只是一个容器，当人们把某种特定的思想、情感、主题、寓意熔铸其中，它便与建筑形体及其空间熔结成一个整体，建筑的每个角落和细部似乎都成为展现这一主旨思想的一部分。建筑给予思想以躯体，而思想赋予建筑以灵魂。建筑在这里似乎又是人与自然、环境、历史进行交融、对话的媒介，借助建筑的身份转换，人们完成了这种穿越。

二、意象与意境

意象与意境是由"建筑意象"产生的景象和境界，这种景象与境界虽然源于建筑，但已然脱离了建筑本身，不再受建筑有限形体的羁绊和限制，在鉴赏者或体验者的再创作中衍生出新的景象和境界。

1. 意象

意象是意与象的统一，是知觉感知事物所形成的映象，是存在于主体头脑中的观念性的东西。一切蕴含着"意"的物象或表象，都可称为"意象"。因此"意象"所包甚广，其中，具有审美品格的意象，称为"审美意象"。审美意象依照"象"的不同状态，对应地分为两种：一种是物态化的、凝结在艺术作品中的审美意象，是创作者依据意念创造的某种图景，如圆明园中的方壶胜境景区，极尽绮丽华美，表现了创作者理解的圣境；另一种是观念性的、存在于创作者或接受者脑中的审美意象，需要体验者的想象或再创作才能获得。前者就是我们通常所说的"艺术形象"，是审美情趣和物质性艺术符号的统一。后者是所说的"内心图像",在创作者那里,是创作构思过程中所形成的审美意象;在接受者那里,则是艺术鉴赏过程中所形成的审美意象。中国传统建筑在常态下多为相似性的空间与形式构成,然而其意欲表达的图景或景象却万象纷呈,大相径庭。建筑只是一个诱发装置,通过思维的重新发酵,将这个图景和景象呈现出来,使人得到美的感受,因而审美意象的完成是一个缘像起意、因意成像的过程。

这些审美意象,无论是物态化的艺术形象,还是非物态化的内心图像,都是形象与情趣的契合,都是情与景的统一,也就是黑格尔对审美意象的论述中所概括出的理论结构框图。这幅框图所反映的意象范畴与其他范畴的关联网络,给我们留下了深刻的印象。我们从这个框图中可以看到,形神这对范畴与意象有密切关联,形神在这里指的是"象"的形体状貌和神态情状。但"神"不仅仅是"象"的外显"神态",而且涉及"意"的内蕴"精神",可以说是整个意象的"神"。比如园林中山体、水体、植物群落的设计,多是某种意象的经营,视觉中的一弯溪水、一组叠石、一丛花木经过意会的触媒之后而生发为乡野平畴、峰峦洞壑、群芳竞秀的图画。

尽管中国建筑历史文献没有采用过"建筑意象"这个词,但建筑的创作实践与建筑的鉴赏品评,实际上对建筑意象是十分关注、十分敏感的。《诗经·小雅·斯干》的"如鸟斯革,如翚斯飞"就在赞赏屋顶动人的建筑意象。杜牧在《阿房宫赋》中表述的"五步一楼,十步一阁。廊腰缦回,檐牙高啄。各抱地势,钩心斗角",就是描绘阿房宫"盘盘焉,囷囷焉"的一连串建筑意象。计成在《园冶》中更是大量描述了"山楼凭远""竹坞寻幽""轩楹高爽""窗户邻虚""奇亭巧榭""层阁重楼"等富有诗情画意的园林建筑意象。至于李渔在《闲情偶寄》中所说的"幽斋磊石……一花一石,位置得宜,主人神情已见乎此矣",可以看作对建筑意象的完整表述。

2. 意境

意境是意与境的统一，意境的真谛在于境中有"我"，人对意象的审美是人在象外欣赏景象，而对意境的欣赏则是人与境融为一体，我们常说心境、梦境，而不说心象、梦象，就是因为境由心生。

意境与审美意象有紧密的联系，但也有所不同。意境是以审美意象为载体，由审美意象元件有机组合而成，它承继了审美意象的形象性、主体性、多义性、情感性等一系列先天的特性，但"意象的创造仅作为意境创造的中介环节，而意境创造的完成是意象有机的组合所致"。意象是"组构意境的元件"，是"创造境界的手段而不是目的"。通过意象与意象的整合、剪辑，产生连贯、呼应、悬念、对比、暗示、联想等作用；经由"以实生虚"，产生远远大于相加之和的新的表象、新的概念、新的形象，所谓"象外之象""景外之景"。它是审美意象整合升华的产物，是实与虚、形与神、有限与无限的辩证统一，具有含蓄无垠的"弦外之音""味外之旨"。境生于象外，"可以看作对于'意境'这个范畴的最基本的规定。'境'是对于在时间和空间上有限的'象'的突破……是'象'和'象'外虚空的统一"。"所谓'意境'，实际上就是超越具体的、有限的物象、事件、场景，进入无限的时间和空间，即所谓'胸罗宇宙，思接千古'，从而对整个人生、历史、宇宙获得一种哲理性的感受和领悟。这种带有哲理性的人生感、历史感、宇宙感，就是'意境'的意蕴。"因此，"意境"可以说是"意象"中最富有形而上意味的一种类型。黄鹤楼、大观楼、滕王阁、岳阳楼等名楼景观，都是意境的一种特有的表达方式。意境的生成不在于建筑本体，而主要在于建筑与山水景观、历史人文等综合要素的交融。环境与人互动，时空与人交感，建筑起到触发、积淀、提升的作用。

园林是最典型的意境经营的艺术，如苏州网师园以渔隐为主题，隐含着江湖归隐之意，园中景物都围绕着"渔隐"这一主题来安排，人们在欣赏树木花草、鸣禽、游鱼、岩石以及轩榭亭堂的时候，都会感应到退隐、淡泊、清幽的心境。含蓄的意境美是中国古典园林艺术所追求的最高境界，园林意境的特点在于它可以通过视觉、听觉、嗅觉、触觉来身临其境地感受艺术对象，如"穿池状浩瀚"是形之美，"吟蜇鸣蜩引兴长，玉簪花落野塘香"是声和味之美，"草色溪流高下碧，菜花杨柳浅浑黄"是色之美，"荷雨洒衣湿，风吹袖青"则是触感之美。在这里，视、听、嗅、触的每一种感觉都能唤起人们美的享受，它们相互诱发，相得益彰，使人们的感受更真实、更生动、更绵长。在中国古典园林中，由于意境的创造，园林中不但不同的景区各有独特的寓意，就是一山一水、一草一木也常常寓意深长，耐人寻味。比如，苏州拙政园中的听雨轩，本是园中一个自成格局的小院，主体建筑的门楣上悬挂着一块匾额，上书"听雨轩"三字，如果你有心探寻，会发现所谓"听雨"的奥秘：原来在院落一隅掘有一潭碧水，水旁几丛芭蕉青翠欲滴，凝思片刻后，你会猛然领悟出"雨打芭蕉室更幽"的意境，更感觉到环境的幽寂，不由得产生一种怡然的心境。

中国古典哲学中有一个重要命题，即所谓"究天人之际"，意思是要搞清人与自然的相互关系。在传统儒家哲学中，这种关系就表达为天人合一，人、天、地合称"三才"，彼此间可相参而合流。那么如何才能达到"合"的境界呢？宋代理学家程颢说："学者须先识仁，仁者浑然与物同体。"即"合"不仅在于认识，而且更在于体验，只有这样才有可能达到合内外、同彼己的超然境界。假若仅仅是认识到"合"的道理，而未有任何实际体验，那么即使意念中竭力取消物为物、我为我的界限，最后仍落得以己合彼，终未有之。前者如松、竹、梅、菊、荷以及各种形貌奇伟的石品等，造园者通过类比使人们联想到某种高尚的品德，从而获得美感。后者如通过池、岛和岛上林木亭阁的组合使人联想到仙岛神山；通过丘岗、亭台的组合使人联想到"采菊东篱下，悠然见南山"；由溪、桥、鱼使人联想到濠上穷理；由木瓜径、桃李屏使人联想到"琼报";由湖、坞、舫使人联想到遁迹渡险等。

具体来说,园林的简淡可以通过两方面来表现和体验:一是景观本身具有平淡或枯淡的视觉效果,其中简、疏、古、拙等都是达到这一效果的手段;二是通过"平淡无奇"的暗示,触发人的直觉感受,从而在思维的超越中达到某种审美体验。比如"在涧""淡烟疏雨""花源云构""桐阴蒿径""在河之干""竹深荷净""漱晚矶""水边林下"等,乍听起来无甚新奇,但细细品味,却是比"凌风""浮云""漱芳""含清"之类更有回味处。青原惟信禅师语录中曾有这样一段话:"老僧三十年前未参禅时,见山是山,见水是水。及至后来,亲见知识,有个入处。见山不是山,见水不是水。而今得个休歇处,依前见山只是山,见水只是水。"字面上虽然相同,但实际上却有天壤之别,即后者已融合了惟信禅师30年的参悟与沉思。这对我们理解何谓"淡者屡深""枯淡中有意思""所贵乎枯淡者,谓其外枯而中膏,似淡而实美"不无启发意义。

在中国园林中,每一景区、景观往往是以某一座建筑为主角,用它们来对园林景观起画龙点睛的作用,这些建筑本身一般又都要有匾额、楹联或诗文,以便烘托出园林意境的主题思想及其独特的情趣,进而启迪游人丰富的想象力,把物象景观升华到精神高度,使园林意境得到更深的开拓。中国园林之景的题名有各种类型,其中多数是直接引用前人现成的诗句,或略作变通。如苏州拙政园中的绣绮亭就取自唐代诗人杜甫的诗句"绮绣相展转,琳琅愈青荧";宜两亭之名取自白居易诗中的"明月好同三径夜,绿杨宜作两家春",借喻这座小亭位置适中,将拙政园中西两部分景色悉纳亭中;浮翠阁之名取自宋代诗人苏东坡"三峰已过天浮翠"的诗句;留听阁之名则取自唐代诗人李商隐诗句"留得枯荷听雨声"的风雅意境。说到留听阁,与之类似的题署举不胜举,如苏州耦园的听橹楼、扬州小玲珑山馆的清响阁、嘉兴偻圃的听雨斋、嘉兴南园的听月楼等。其中耦园的听橹楼别有韵味。耦园的南面紧靠小新桥巷,巷临河道,水中船来舟往,时有桨橹之声,将园中小楼题名"听橹",不仅使这一处景观意境全出,也将园外的桨橹之声纳入园中了。造园大师计成在其《园冶》中说,"萧寺可以卜邻,梵音到耳",说明这已是园林借景的一种手法。其他如远山近水、飞雁月影、暮鼓晨钟等也可成为应时而借的对象,用以增加园林的意境。

第三章 环境艺术设计的美学研究

第一节 环境艺术设计的发展现状

人类改造环境以及建设环境的历史代代延续，古老而又深邃的东方文明与富有开创进取精神的西方文明共同创造了环境艺术设计。由于人类与环境之间的关系十分密切，在近年来我国关于现代环境艺术设计类的项目数量明显增多，涉及的范围十分广泛，如环境艺术设计运用于城市建设、国家公园建设、园林设计、街道、广告等多个领域，并受到了人们广泛的认同和赞许。可以说，这是经济取得迅速发展，人们的"环境品质"的观念逐渐增强的重要反映。因此，对环境艺术设计的发展现状进行了解，有利于对环境艺术设计的实际发展情况有一个全面地把握，能够促使相关研究人员对其今后的发展有一定的规划。

一、环境艺术概述

（一）环境艺术

在传统的经典学著作之中，我们很难寻找关于"环境艺术"概念的确切表述。随着当今社会的不断发展与进步，艺术参与以及艺术活动广泛地渗透并融合于环境之中，与环境结合得越来越紧密，使得我们能够而且必须从全新的角度来对环境艺术进行审视。具体而言，环境艺术主要包括如下几个方面的内容:(1)实用的艺术;(2)感受的艺术;(3)整体的艺术;(4)时限艺术。上述这几个方面共同组成了环境艺术这个统一的整体。

（二）环境艺术设计

所谓环境艺术设计，指的就是环境艺术设计者在某一特定的环境场所建造之前，根据人们多方面的要求（如物质方面的要求、精神方面的要求以及审美功能等方面的要求），科学、合理地对某些技术、艺术以及建造手段对实际施工过程中可能存在的各种问题进行全面的考虑和审视，并根据这些问题提出具体的解决方案，最后用图纸、模型及文件等多种形式表现出来的一个完整的创作过程。在实际的环境艺术设计过程之中,需要遵循一定的原则，主要包括"功能中心"原则、形式原则、材料与技术原则、识别性与创新性原则、未来可能性原则等。

二、我国环境艺术设计的现状

我国的环境艺术设计是在改革开放后才开始发展起来的，尤其是随着人们对居住环境和生存空间的不断重视，环境艺术设计日益凸显其重要性。我们现在的主要问题是没能够处理好时间与空间的关系、缺乏历史的传承等。

（一）现代环境设计中自然因素观照得不够

这对我国公共环境设计观念的发展有着一定的影响。尽管我国古典园林设计一贯崇尚自然，但在现代环境设计中如何正确处理好功能与自然的关系仍然是一个大课题。事实上，在我国一些流经城市的河道治理与滨水空间的设计中往往都采用混凝土的砌筑护堤。当然这种设计的前提主要是满足防洪、排污的功能，但类似的设计显然有只注重功能的满足，简单化的倾向，没有考虑到它在环境整体中的自然属性和人性，即违背了生物多样的原则。

（二）教育师资缺乏及专业设置混乱

环境艺术设计专业是一门涉及多门学科的综合专业，需要不同的专业同步协调和密切合作。现在国内大多数院校是把室内设计专业改为环境艺术设计专业，而专业内容根本没有改变。优秀人才的培养需要一个适宜的成长环境和一批更优秀的师资队伍，而这恰恰是许多新开设艺术设计专业的院校最薄弱的地方。

（三）环境艺术设计与相邻学科联系紧密

环境艺术设计一般是与其相毗邻的学科紧密地联系在一起的，这些相邻学科主要包括建筑学、建筑规划、建造设计及园林设计等学科。下面以环境艺术设计与建筑学之间的密切联系为例，阐述环境艺术设计与相邻学科联系的发展现状：由建筑学的定义可知建筑学的设计对象主要是实际存在的建筑物，它主要侧重于对物的塑造以及对空间的科学处理，专业分工重点在于建筑物各种使用功能以及使用空间的合理安排。所涉及的专业主要包括结构学、建筑学、建筑物理、建造化学及其与之相关的建筑工程技术方面的知识。一般而言，建筑学主要是以建筑物为营造中心，一切设计构思以及处理方法都是围绕建造物来进行的。而对于环境艺术设计的范围主要包括城市与地区的宏观景观环境、建造室内外空间、各种景观小品以及市政设施等，环境艺术设计所需要的专业知识涉及的面很广，主要包括园林、建筑以及雕塑、绘画等方面的知识。这可以说明，环境艺术设计与建筑学存在着紧密的联系，环境艺术设计就是在与其相邻学科互相联系的过程中发展起来的。

（四）环境艺术设计中符号的应用十分广泛

世界著名的哲学家恩斯特·卡西尔认为人属于符号类的动物。可以这样说，人类的一切精神文化均以符号的形式存在于世，而且全部是符号活动的产物。对我们人类而言，其本质就是表现在人能够很好地利用符号去对文化进行创造，因此，可以这样说，对文化的所有形式而言，它们既是符号活动的现实化，又是人类本质的对象化。其实，这对环境艺术而言，亦是如此。具体而言，环境艺术设计之中的符号具有如下几个方面的特征：

1. 符号首先具有普遍性的特征

符号是处处存在的。例如，我国最古老的文字——甲骨文，全部是用符号来进行表示的；现代社会所使用的一些标语，也是用符号进行表示的；就连现在的文字在设计上也具有符号的特点。由此可以看出，符号是具有普遍性的特征的。随着我国社会工业化进程的不断加深，使得现代设计在很多时候均是为大工业生产而服务的，因此说符号首先具有的特征就是普遍性。

2. 符号具有认知性的特征

对于符号学而言，认知性的特征是符号的生命之源，它对符号学的发展与进步起到了举足轻重的作用。由符号的定义可知，符号是可以作为某种特定的象征的一种良好的诠释，人们通过对符号的辨别及掌握能够很好地辨认出符号所代表的具体意义。例如我国的各家银行（如中国银行、中国工商银行、中国建设银行、中国农业银行等），其标志均以古代的钱币为基本形式设计的，主要原因在于古代钱币能够很好地代表金融机构这一形式，因此，这就在很大程度上赋予了古代钱币这种特殊"符号"所具备的认知性。上述例子说明了一个很重要的问题，一件环境艺术品所代表的含义一定要被人们普遍认知。例如，国际环境保护标志就是有山有水，这象征着美好的生态环境，认知性极强。

3.符号具有特殊性的特征

符号能够体现"求同存异"的特点，一般而言，符号语言是求同的，但是对于某些特别的设计以及在某种特殊的场合下，符号语言所表现出的特征是特殊的。例如一个设计出的标志，同样是针对同一个主题，但是我们要尽可能多地找出其代表的内在含义。

综上所述可知，当前时期环境艺术设计的发展形式和内容呈现出多元化的特征，其发展现状也是良好的，在发展的过程中，环境艺术设计与其相邻的学科密切联系，符号学在环境艺术设计之中进行了较为快速的发展。然而，在实际的发展过程中，却存在着一些误区：（1）环境艺术设计缺乏行业规范；（2）形式主义较为泛滥；（3）设计与施工脱节；（4）生态观念十分淡薄。因此，在实际过程中应该注意解决这些问题，这样才能够使得环境艺术设计能够取得较快的发展与进步。

三、环境艺术设计的发展趋势

在20世纪80年代的中国，环境艺术设计主要关注的是"现代设计"，如何理解"设计"的人们的需求。进入21世纪，对中国环境艺术设计认知的问题在于：中国环境艺术设计开发过程不是"模仿西方设计风格"，不是按照西方模式在现实操作中，而是基于"社会和谐发展"的考虑，选择什么样的中国环境艺术设计的道路。在新的历史时期，环境艺术设计有一个更广泛的学科研究的远景和范围，设计中更加注重生态环境、生活质量、艺术风格、历史背景和区域特点，其发展趋势反映在以下几方面：

（一）更加人性化，体现"以人为本"的设计理念

当今社会，环境和人之间的交互变得越来越重要，人们设计创造的环境，反过来又影响人们的行为。我们需要做的是去探索如何去设计和创建，使环

境影响变得更科学、更合理，我们不仅要尊重环境和发展的客观规律，而且还要尊重和关注人为因素。

（二）尊重自然、生态优先，走可持续发展之路

尊重自然、生态优先即环境艺术设计的基本内涵，环境艺术设计的内涵要求打破"人类中心理论"的束缚，充分意识到，人是自然的一部分，建立一个新的环境设计的概念，全面整合资源，保护自然是我们与生俱来不能停止、不能推卸的义务和责任。

（三）更强调便捷化，走向科技智能趋势

如今，科学技术的发展极大地影响和改变了环境艺术设计的概念。随着科学技术的发展，丰富了表现力和环境艺术的吸引力，提供了广阔空间和高质量的设计师。

环境艺术设计与人类生活密切相关，更多的新科技将使设计更加科学合理。新科技可以扩大领域的环境艺术设计空间，带来多变的设计形式、设计方向和方法。

总之，虽然近年来我国环境艺术设计有许多问题，但已引起人们的关注。目前，环境艺术设计是人们密切关注的焦点之一，在全球化时代，我们应该以传统文化之间的交互，致力于东方和西方的精神和物质融合，利用各自的优势，促进相关环境设计跨学科融合的实现，建筑师和艺术家，应努力发展环境艺术设计。因为只有这种交互的基础上，环境设计才能达到净化人们的生活空间的目的。

第二节 环境艺术设计中的美学特征分析

环境艺术设计是一门新兴的学科，近年来得到了快速发展。它涉及美学、哲学、建筑学、工程学、设计学等自然科学和社会人文科学的众多领域。改革开放以来，环境艺术设计为我国城市建设发展做出了巨大贡献，并得到了社会的广泛关注。环境艺术设计作品中所展示出来的美学特征是其重要的艺术灵魂。可以说，美学特征是环境艺术设计的"纲"，抓住纲，就能纲举目张。因此，系统地对环境艺术设计的美学特征进行科学分析和研究，就显得十分必要。

一、环境艺术设计中的美学内涵

环境艺术设计是综合利用各种艺术手段和工程技术手段，为人们创造科学的生存环境的一种艺术活动。它的美学内涵蕴藏在整个设计过程和设计空间之中。一个成功的环境艺术设计作品，能够创造出符合生态原则、适应人的行为需求、具有独特风格的空间特征和文化意蕴的和谐统一的空间艺术整体，可以说，环境艺术设计是审美价值与使用价值的综合体。

环境艺术设计分为室内设计和室外设计。我们在旅游时看到的许多风景，大部分是经过设计师在原景的基础上进行设计而得来的。环境艺术设计的目的之一就是通过系统的艺术设计来增加场景空间的美感。不管是室内设计还是室外设计，努力使空间环境具有美的时代感是环境艺术设计所追求和奋斗的目标。人们运用环境艺术设计，通过设计作品所表现出来的美学特征来愉悦身心、美化生活。可以说环境艺术设计中美学特征的体现是设计作品成功的重要标志。

在具体设计过程中，设计者主要通过色彩、景物造型、特定的装饰等来体现环境艺术设计中的美感；通过不同颜色的相互融合、相互排斥、相互混合或者相互反射，从而产生不同的视觉效果；通过色彩引起人们的联想，使环境艺术设计达到有效、积极的心理审美反应。例如，绿色让人感觉清新，红色让人感觉热情，灰色让人感觉忧郁，橙色让人感觉明媚等。所有这些，都为环境艺术设计的美学特征增加了更多的人文色彩。不同的装饰能够突出不同的景物特点，增强设计的表现力，不管哪一种形式都能够表现出环境艺术设计不同的美学特征。只有充分理解和把握环境艺术设计中的美学特征，才能够使环境艺术设计更好地为人类服务。

二、我国城市环境艺术设计的美学分析

（一）自然美

自然为人类提供着空气、阳光、植被等环境艺术设计所必需的各类基础元素，所以自然是城市环境艺术设计实践及审美的重要基础，而自然美也是我国城市环境艺术设计的首要美学特征。在城市环境艺术设计中，经过艺术形式改造的自然能够更好地满足人们的精神需求，尤其是在追求生态化、低碳化的今天，城市环境艺术设计中所具有的自然美使城市环境艺术设计成为现代城市发展的必然要求，同时也是满足城市居民审美需求的重要特征。

（二）社会美

城市是人类生存的重要空间，环境艺术设计可以通过系统地设置、建设、组合建筑群、园林绿地以及建筑来对这一生存空间进行打造，从而使这个生存空间具有更加浓郁的人文性，并在此基础上为人们的生活、交际等营造更加良好的氛围与环境。

（三）建筑美

建筑是城市环境艺术设计中的重要元素，我国传统的环境艺术设计理念就重视对建筑群的组合，通过这种组合不仅可以突出建筑个体的特点与形象，同时也能够让建筑群具有更加和谐的特点以及更加丰富的审美内涵，尤其是当前我国城市环境艺术设计中的建筑塑造不仅强调了民族性与时代性，同时也重视创新与协调，这对区域文化以及环境艺术设计理论的继承和发展具有重要的现实意义。

（四）文化美

城市环境不仅包括社会的、自然的物质，同时也包括民族的、历史的、区域的、现实的文化内涵，这些内容通过城市环境艺术设计的表现能够使人们获得更多的审美体验。文化美作为我国城市环境艺术设计中重要的美学特征，需要将自然美、艺术美、社会美、建筑美等有机结合起来，同时要将传统的城市环境艺术设计理论、当前的城市环境艺术设计技术以及区域内的城市历史文化内涵进行高度融合。这一审美特征不仅推动着我国城市环境艺术设计的发展，同时能够再现和传扬一座城市所具有的精神与气质。

三、环境艺术设计的美学特征

（一）自然化和人为化

环境艺术的人文性是指环境艺术系统呈现的对人爱护、关心以及方便的文化精神。每一个环境艺术设计的作品都是以人为本，从人的根本利益和自我价值出发，最终完成构思、设计的。符合人文性的环境艺术才能创造环境艺术的审美，才能使人实现追求美好生活的目的，从而达到善与美的统一。环境艺术是指合理利用自然环境中的物质、能量以及自然现象，因此环境艺术是绿色的艺术与科学，依赖自然环境，从而体现美学的"合规律性"。环境艺术的自然性是系统本身所呈现的自然属性部分，以及环境艺术系统对自然环境的依赖。

（二）整体化和多样化

环境艺术设计的整体化和多样化表明了环境艺术设计的系统性美学特征。环境艺术设计源于环境，又直接通过环境来表现。在这样的完整系统中，有着各式各样的艺术美学效果和组合形式。从整体上看，环境艺术设计具备了完整的美学系统，有着合理化的美学形式，整体上表现出一种外在式的美感，也有着秩序化的内在美学效果。从细节上看，环境艺术设计系统中的不同个体有着自己的独特美感，比如颜色的美感、材料的美感或者形式的协调美感等。这些多样化的美学效果，兼具个体之间的美学差异性和整体化的美学统一性，二者的有机结合使得环境艺术设计无论从整体上还是内部细节上，都表现得更加具体生动。

（三）无害性与正面性

环境艺术的无害性，即环境艺术系统能够使人与自然之间形成一种和谐关系。环境艺术是一种创造，要符合美学中关于"自觉"与"自由"规律的理性规划和审美，所以环境艺术系统应全力使全系统无害，而不能因噎废食、左支右绌。环境艺术的正面性，则是指要表现的内容和主题必须永远是歌颂的、喜剧的、肯定的、积极的。环境艺术提出的正面性，尤其是要着重环境中的纯净，主要是指纯洁与美好的精神。具体来说，环境艺术的创造就是要禁绝污秽、丑陋与庸俗，显现洁净、秀丽与崇高。

（四）实用化和审美化

环境艺术设计的审美化满足了人们对环境质量的追求，同时也满足了审美精神的享受过程，这种精神的愉悦享受反映出人们内心的真实感情。而这种美感并不直接对环境本身产生影响，而是在一定程度上展现人们的主观世界。这正和环境艺术设计美学的另一重要特征——实用化——有所区别。这一特征表现出环境艺术设计并不仅是供人们观赏的艺术作品，而且也具备了某种实用性的美学价值。实用化以现实发展为重点，是环境艺术设计美学特征的主要形式，也是将美学同现实连接起来的主要方式。环境艺术设计中的审美化和实用化的统一协调，可以使环境艺术设计的美学特性得到淋漓尽致展现。

四、环境艺术设计中美学特征的完整性

在环境艺术设计中，美学特征的表现具有完整性。"美者，合异类共成一体也。"环境艺术设计的重要核心理念就是环境整体意识的确立，通过整体意识的综合表现来展现环境艺术设计的美学特征。诸如景观设计、建筑外观设计、绿化设计、城市雕塑、商业用地环境规划等都是在社会的大背景下进行的，我们要求的美感是能突出各类空间的艺术特征，又能将其统一于环境艺术空间的整体之中。此处的"完整性"不但是指单个设计的完整性，还要求它能够与周围的环境达到高度的协调，每个设计构成建筑组群，同时又是作为该组群的一部分而存在。正如亚里士多德所说，"整体总是大于它的各部分之和"。从美学角度来理解就是，整体的美感大于各个部分之和。因此，只有从完整性的角度来对美学特征进行全面把握，才能够使环境艺术设计更好地体现出它的美学特征。

五、环境艺术设计中美学特征的生态美

生态美也是环境艺术设计中的美学特征之一。因为环境艺术设计的对象是我们现代生活的现实环境空间，所以随着我们周围环境的不断恶化和人们环保意识的不断加强，环境艺术设计中生态美的体现是环境艺术设计的必然要求。在自然生态美的视角下，美学观是科学的生态观，是普遍的伦理观和美学观在人类生存环境中的共同体现。体现这种美学观的设计可以称为"绿色生态环境设计"。在具体设计中，这种生态美体现在人工环境与自然环境的融合上，我们应当尽可能地通过自然环境来增强人工环境的美感。随着人们生态环保观念的不断加强，环境艺术设计中的生态美越来越有突出的体现。从科学发展观角度出发，展现出自然而然的生态美的美学特征是环境艺术设计的必然要求。

六、环境艺术设计中的美学特征的特色美

环境艺术设计的美学特征还包括特色美。设计是环境艺术中的重要一环，极具特色的设计可以吸引人们的目光，增加整个设计的感染力。在城市风景设计中，每个风景都代表着城市的特殊韵味，在设计时一定要注意保持它原来的特色，并在此基础上增加新的表现元素。对一个城市的设计改造也要遵循该城市的特色，从而显示出设计的特色美。可以通过具有代表性的雕塑体现该城市的历史文化、通过建筑群的构造体现城市的现代美等，这些方法都能够在一定程度上增强城市的美感和魅力。

在环境艺术设计中，整体美、生态美、特色美等都是设计美学特征的具体表现。环境艺术设计离不开美，缺少美的展现，设计也会失去它的价值。总之，在具体实践过程中，要充分展示环境艺术设计的美学特征，努力提高设计的审美情趣。

第三节　环境艺术设计与美的形式法则

在现实生活中，人们都在有意无意地欣赏着周围的美、形式的美，并且有意无意地在运用着形式美法则。在教学过程中，讲解形式美法则这一内容时，都要谈到美和形式美的概念、形式美的特点、形式美法则。形式美内涵及相互关系是什么？又有什么作用？如何应用？这些正是本节所要阐述的。

一、形式美法则的概念

"美"是美学的重要范畴之一。在人类社会的发展史和现实社会生活当中，美具有重要的地位和作用。

形式美的法则是人们在长期审美实践中对现实中许多美的事物形式特征的概括和总结。人们认识到形式美的特殊作用之后，对美的事物外在特征进行规律性的抽象概括，依照这个法则进行美的创造，并进一步丰富和发展形式美的法则的内容。

形式美法则作为一种形式法则，它有着普遍性和通用性，适用于绘画、雕塑、建筑等各艺术门类，不隶属某一种风格范畴。在西方，自古希腊时代就有一些学者与艺术家提出了美的形式法则的理论。时至今日，形式美法则已经成为现代设计的理论基础知识，并在设计过程中体现出它的重要性。形式美的法则主要包括以下几个方面：

（一）基调

基调是指基本调性或主要运动方向及形态特征。只有一个主要的基本调性特征，其他的都围绕着主要调性进行设计、整合，这样才能达到统一协调的艺术效果。从 20 世纪 50 年代开始，日本设计界对于欧美的现代主义设计进行了历史的、全面的审阅和了解，至此日本的书籍插图、木刻印刷海报（浮世绘）、各种传统包装等，呈现出构成主义和艺术对于几何结构，特别是纵横结构的严格分析和运用；对称化的格局，中轴对称的传统设计中的象征性图形，反映出了强烈的传统、民族的元素设计意识。

（二）节奏韵律

节奏通常表现为一些形态元素有条理的反复、交替或排列，使人在视觉上随着视觉路线，形成视觉的节拍。韵律是指按照美学要求而产生的由元素与元素之间有节奏的连续进行或者流动，通常体现为视觉流动的通畅性。康定斯基在 1910 年创作了第一幅抽象水彩画作品，此画被认为是抽象表现主义形式的第一例，标志着抽象绘画的诞生。在其以后的系列构图作品中，纯粹以抽象色彩和线条来表达内心的精神，画面感受到一种如同音符般的因素存在，抽象的点、线、面在画面上不断有节奏韵律地跳跃着。

（三）变化

变化有大的风格变化，也有小的具体造型元素的形态性格变化。变化存在于艺术作品的各个角落，而艺术的生命也就存在于这样一种变化之中。

（四）对比与秩序

对比就是用各种手段使要素之间产生紧张和冲突的一种视觉效果。对比虽固然重要，但也要控制在一定范围之内，太过则处于无序状态。福田繁雄是日本当代视觉设计大师，他善于运用图底关系、矛盾空间等错视原理，使其作品大放光彩。福田繁雄在设计过程中不断对视错觉进行探索，将不可能的空间与事物进行巧妙组合，达到视觉上的新知，将合理的与不合理的共同营造出奇异的视觉世界，在看似荒谬的视觉形象中透出一种理性的秩序感和连续性。

（五）单纯

为了强调形式感，在创作过程中将各种元素的形状、颜色等造型元素单纯化，并使其成为系列，并与这种构成关系的空间形成合理的数量关系。造型元素单纯统一，韵味越足，越鲜明有力。

形式美的法则除了上述的几种之外，还包括分割与比例、对称与均衡、重心等。在艺术创作过程中，艺术家通过对这些造型元素的组合、排列、分解来达到完美的视觉艺术效果，在一件艺术作品创作中，为了达到艺术作品的目的，艺术家通常都是综合地使用这些形式美法则。任何好的作品的呈现都是巧妙运用这些形式美法则。

二、形式美法则的特点

（一）抽象性

抽象性指各种个别美的形式中能够抽象出某种富有美感的共同形式特征。这种特征以抽象的形式存在，审美意味朦胧，审美感受不确定，适于表现各种事物的美。俄国至上主义运动的核心人物卡西米尔·马列维奇，他采用的简单、立体结构和解体结构的组合，以及采用鲜明的、简单的色彩计划，完全抽象的、没有主题的艺术形式。从创作于1913年的《白底上的黑方块》，到创作于1918年的《白底上的白方块》，反映了抽象绘画最早的理性追求，对艺术探索产生了巨大影响，为艺术的发展带来了全新的方向。

（二）相对独立性

形式美具有不受内容制约的自由特性。一是因为形式美的自然物质因素和组合规律本身就具有美的因素；二是形式美是从具体美中抽象出来相对独立的自由美。

（三）东西方在建筑设计中存在形式美观的差异性

欧洲人重视形式逻辑，重视事物之间的因果关系。在形式美法则中，这种明确的逻辑概念与因果关系也体现得十分清楚。如西方古典建筑中，将建筑的造型分解为可以理解的各种几何形体，并将它们符合逻辑地组合在一起。在这些形体中，方就是方，圆就是圆，任何形体几乎都具有一定的几何形状。再如在西方宗教建筑的装饰壁画中常会见到长有翅膀的小天使，原因是欧洲人认为飞鸟都有一对翅膀，所以壁画上能飞的小天使就合乎情理地安上一对翅膀，完全合乎形式逻辑的因果关系。

东方人与西方的欧洲人在对形式美法则的思维方式上就具有明显的差异。东方人似乎更重视辩证逻辑，重视事物的辩证统一，将事物的各个部分看成一个有机整体，彼此不可分割。因此，东方建筑尤重群体效果，无论宫殿、寺庙、宅第的群体，还是园林设计、城市规划，均追求整体统一，造成所谓星罗棋布、众星拱月之势。在建筑的个体造型上，东方建筑似乎是有意识地回避纯几何的东西，建筑的屋顶、檐部、脊饰都是由一些不可捉摸的自然曲线构成，在艺术趣味上追求"离方遁圆"，这些都使古代建筑在个体造型上迥异于欧洲古典建筑。而在宗教壁画创作中，无论是敦煌飞天，还是嫦娥奔月，都没有诸如翅膀之类的修饰，只靠轻飘的自然姿态、随风飘动的衣带，跃然升空，充分体现东方在处理艺术问题上的辩证逻辑思维方式。

欧洲建筑师对形式美法则，如比例、尺度、均衡、韵律、对称等理论均有系统的研究，并在实践中运用这些美学法则。中国人对这些形式美法则不仅在设计中运用得十分娴熟，而且着眼点在于更深的层次上：在于整体的和谐；在于设计整体与自然、宇宙的和谐；在于设计与人类自身的和谐；在于体现出宇宙的秩序感与和谐感，从总体效果上给人以威慑的气势感和感人的崇高美感，创造出一种天人合一的理想境界。这种设计思想始终贯穿于中国漫长的历史岁月中，无论是建筑园林还是书法绘画及各种手工艺品都贯穿着这种思想。

三、环境艺术设计与美的形式法则

环境艺术设计是对人类生存空间的设计。其中对家具及室内陈设诸要素进行的空间组合设计称为内部环境艺术设计；对建筑、雕塑及绿化诸要素进行的空间组合设计称为外部环境艺术设计。环境艺术设计关注的是人类的生存环境，它要体现的是人类在此环境中获得的美感。美的形式法则已成为现代设计的基础理论知识。在环境艺术设计中，充分理解主体服务对象，从不同空间类型的使用功能出发并遵循美的形式法则，理解特定设计对象的多重需求和体验要求，是环境艺术设计的基础。

格式塔心理学派代表人物鲁道夫·阿恩海姆认为，审美体验是外在世界与人的内在世界的契合。早在 20 世纪 50 年代，著名景观设计师布雷·马克斯就将美的形式法则运用于环境艺术设计中，其设计风格受立体主义、表现主义、超现实主义绘画的影响，用大量不同种类的植物，构成大块的彩色画。又如被称为"哈佛三子"之一的丹·凯利设计的米勒庄园，采用网格的结构、水平视线，利用植物、铺地、景墙等造景元素营造了一个完美的空间。

环境艺术设计应积极主动地结合美的形式法则，将新的艺术理念运用到设计作品中去，以反映具体事物之美。

四、美的形式法则在环境艺术设计中的应用

（一）和谐

和谐是指在考虑设计作品中两种以上设计元素的相互关系时，各元素给人们的感受和意识是一种整体协调的关系，而非乏味单调、杂乱无章。在和谐中，各设计元素之间也可以保持差异性，但当差异性表现得比较强烈和显著时，和谐的格局就向对比的格局转化。强调共性，可以使设计作品形成一个基调，从而产生完整统一的视觉效果；和谐与对比手法交叉运用，可以取得多样统一的设计效果。比如，在环境艺术设计中，植物的配置就要充分考虑各植物的色彩因素，就绿色而言，就有颜色的深浅变化，运用和谐原则，就不会使植物的色彩杂乱无章。在铺装设计中，各种颜色不宜太多，多种颜色混杂就破坏了设计作品的整体和谐。

（二）对比

对比是把反差很大的两个构成要素有机配列在一起，使人产生鲜明强烈的感触而仍具有统一感，它强调各设计元素之间的差异，能使主题鲜明、视觉效果生动活泼。对比关系主要是通过各设计元素之间色调、色彩、色相、形状、方向、数量、排列、位置、形态等多方面的对立因素来达到的。在环境艺术设计中可以通过不同种类植物色彩的明暗、色相的红绿、植物形态的高耸直立与草坪植物的平坦对比等，取得鲜明的视觉审美效果。

（三）对称

对称的形态布局严谨、规整，在视觉上有自然、安定、均匀、协调、整齐、

典雅、庄重、完美的朴素美感，符合人们的视觉习惯。对称可以产生一种极为轻松的心理反应，给一个设计注入对称的特征，更容易让观者的神经处于平衡状态，从而满足人的视觉和意识对平衡的要求。在环境设计中运用对称法则要避免由于过分的绝对对称而产生单调、呆板的感觉，有时在整体对称的格局中加入一些不对称因素反而能增加作品的生动和美感。随着时代的发展，严格的对称在环境艺术设计中的使用越来越少，"艺术一旦脱离开原始期，严格的对称便逐渐消失"，"演变到后来，这种严格的对称，便逐渐被另一种现象——均衡——所替代"。在环境艺术设计初期的调查分析中就要充分考虑设计对象的整体因素，如果运用对称的形式法则进行总体设计，就要把各设计元素运用点对称或轴对称进行空间组合。

（四）均衡

均衡是动态特征，其形式构成具有动态、定量的变化美。设计要素的大小、形状、重心、色彩、明暗不尽相同，可根据设计元素的大小、轻重、色彩及与其他元素的空间组合来达到视觉均衡。设计中通常以视觉中心为支点，各构成元素以此支点保持视觉意义上的力度平衡。在环境艺术设计中，应充分利用设计对象的客观条件，确立设计对象的视觉中心，围绕中心安排设计元素。

（五）比例

比例是设计元素及元素与整体之间的数量关系。恰当的比例有一种协调的美感，是美的形式法则的重要内容。黄金比（1：0.618）广泛用于设计中，具有美学价值，如在厅、台、楼阁等建筑小品的体量设计中进行比例控制，使设计作品达到美的尺度。

（六）节奏

节奏是指音乐中音响节拍轻重缓急的变化和重复。这个具有时间感的用语在设计上是指同一设计元素连续重复时所产生的运动感。节奏与视觉顺序有关，渐变跳动的、反复循环的、规律连续的配列关系就能创造节奏美感。在这种节奏形成的过程中，速度对其效果有着决定性影响，变化的速度是可以改变的，既有连续的变化，也有跳跃的变化。有了这种变化的结合，形成的设计构图才更容易让人接受。在古典环境艺术设计中，一些墙面的开窗就是将形状不同、大小相似的空花窗或等距排列，或把长度、宽度依次递减，或使角度与长度、宽度相互交织，穿插形成有节奏的运动感。

（七）重心

重心是指物体内部各部分所受重力之合力的作用点。在设计作品中，任何设计单元的重心位置都与视觉的安定有紧密关系。人的视觉安定与作品构图的形式美的关系比较复杂。人的视线接触画面，并迅速由左上角到左下角，再通过中心部分至右上角及右下角，然后回到画面最吸引视线的中心视圈停留下来，这个中心点就是视觉重心。整个设计区域轮廓的变化、设计单元的聚散、色彩明暗的分布等都可对视觉重心产生影响。因此，设计作品重心的处理是设计构图的一个重要方面，作品所要表达的主题或重要信息不应偏离视觉重心太远。环境艺术设计中的主题公园、室内展厅等，都要把主题、展品的焦点设计在整个环境的中心位置，这样才能更好地表达设计作品所要传递的艺术信息。

以上形式法则互相依赖，且交叉、重叠，设计者应在设计实践中根据不同条件灵活处理。随着社会的进步和科技文化的发展，对美的形式法则的认识也在不断深化和发展。美的形式法则不是僵死的教条，要灵活体会和运用，使环境艺术设计达到美学与文化科技及人类情感的高度统一。

第四章 现代城市环境设计的美学研究

城市环境是一个交流和沟通的媒介，展现着明确与不明确的符号，这些符号会告诉我们一些确定的信息和含义，是一个居住区域可以辨识的标志。许多符号都和人们内心深处的信仰紧密地结合起来了，这些象征符号是特定的文化产物，从某个角度来说，甚至代表着国家、社区、自然和历史等。本章围绕现代城市环境的一些基本理论以及城市环境设计的美学魅力、美学设计问题等内容进行分析。

第一节 环境与城市环境

一、环境的释义与构成

环境原是生物学范畴的用语，可以理解为"被围绕，包围的境域"，或者可以理解为"围绕着生物体以外的条件"。简言之，环境就是包围我们周围的一切事物的总和。作为概念的"环境"具有普遍性，作为实态的"环境"则具有强烈的可变性。现代的建筑师和环境设计师则将环境看作人类赖以生存的时空系统。"环境者，环绕以人或事物为中心的一定空间范围和地域。"空间是相对固定的，而时间则是流动的，在这种动静结合的"场"系统中，人类与环境进行着物质、能量、信息和精神的相互交流。

人类生活的环境是包括自然环境、人工环境和社会环境的整体。人类是生物不断进化的产物，与生物圈保持着最密切的关系。

二、城市环境的演变简述

城市环境的演变与建筑价值观的演变有密切的关系，在历史上建筑价值观的演变大致经历了六个阶段：（1）实用建筑学阶段，在功能与价值上，追求适用、坚固、美观的建筑；（2）艺术建筑学阶段，侧重于建筑的艺术表现，视建筑为"凝固的音乐"；（3）机器建筑学阶段，功能至上主义观点，把建筑看作"住人的机器"；（4）空间建筑学阶段，认识到"空间是建筑的主角"，注重完美的空间结构；（5）环境建筑学阶段，认为建筑是环境的科学和艺术，注重建筑与环境的协调统一；（6）生态建筑学阶段，注重人类生存环境与整个自然生态环境。人类经历了适应环境、利用环境、改造环境发展环境到污染、破坏环境之后，随着人类文明程度的提高，才慢慢有了环境保护意识，开始从主观上对生态环境和部分历史环境进行恢复与保护。正是在这种情况下，当代环境艺术观念才正式成为一个全球性的共识。

城市的产生和形成是一个漫长的历史过程，与各个社会阶段的经济是分不开的。早期的城市多是自发形成的，其道路系统、街道尺度、广场空间是根据地形布局的，没有统一的规则，随社会生活而自然发展。后来的城市模式则是按照统治阶级的意志，有目的、有意识地进行规划、布局的结果，也是城市进一步发展的结果。

不同的时代给城市环境留下不同的历史痕迹。以农业生产为主要生产方式的中世纪，其城市大多呈现出有机、自然的面貌，安详、亲切等词汇用来形容这一时期的城市是再贴切不过的了，同时城市与城市之间、城市内部各阶层之间总体上是充满爱与和平的；文艺复兴时期的城市是"诗意"的城市，不论是城市的修建风格还是城市的生活方式，都具有强烈的仪式感，给人以崇高的审美体验；巴洛克和古典主义时期的城市在用地上讲求几何之美，用地切割整齐划一，给人一种秩序井然之感；资本主义时期的城市，规模不断扩大，技术、经济的发展使城市充满生机，同时也带来混乱、雍杂的秩序。可以说城市的发展是呈阶段性的，各个时期的城市都有不同的形态、风貌和丰富的环境特征。

影响城市环境的另一个重要因素是城市所在地域独特的文化背景。城市所处的地形、地貌，城市所蕴含的自然资源和其具备的生产条件等决定了城市环境的表象特征；而城市深层次的人文景观、风土建设等隐性特征，往往取决于城市中的文化传统、人文风俗及其独特的发展历史。随着时代的发展，地域、文化的影响，城市环境表现出形态各异、丰富生动的个性特征。

而今天的城市微观环境是以城市大环境为背景，在保护环境的意识影响下越来越受到重视，这也是景观设计行业的发展趋势。城市微观环境设计是景观设计中的一部分，随着景观设计的发展而发展。景观艺术的历史源远流长，从人类早期的村落、纪念圣地到代表景观发展史上重大成就的东西方古典园林，经历了漫长的实践，而景观设计真正成为一门学科却是在 1900 年——美国的景观规划设计之父 Olmsted 在哈佛创办了景观规划设计专业。

景观设计学专业经过近一个世纪的发展，已经在国际上发展成为与建筑学、城市规划呈三足鼎立之势的学科专业。就国际范围而论，景观建筑学学科、专业发展以美国为先导。目前，美国设有景观建筑学专业教育的大学有 60 多所，其中设有学士学位教育的占 2/3，有博士学位教育的占 1/5。据统计，在 20 世纪 80 年代美国景观建筑学专业被列为全美十大飞速发展的专业之一。

第二节　城市环境设计的美学魅力分析

城市作为人类文化发展的结晶，是人类文明的象征，其发达程度直接体现了人类物质文化发展水平和精神文明取得的成就。一个城市所存在的形态、功能区域的布局和对外展现出来的整体面貌，综合反映了其所属国家的生产力水平、物质生产能力以及社会人群的整体精神面貌。

一、城市环境美是自然景观、建筑景观和人文景观的统一

宜人性是城市环境美学探讨和关注的重点，一座城市是否宜人、宜居是判断一座城市优劣的关键。一个城市是否能持久地吸引人，让人产生情感上的认同、精神上的依托，很大一部分取决于城市环境的优劣。美好的城市环境在给人们带来强烈美学感受，产生情感上的认同的同时，其环境特色和它所反映出来的文化理念，会潜移默化影响城市居民的精神面貌和审美情趣。这就使得城市环境不但是人们物质生活的空间，也会成为人们精神生活的空间和审美的对象。

环境与人之间除了存在视觉上的联系外，还存在着触觉、听觉等方面的联系，对环境所产生的美感是人的活动和感知相统一的产物。通过美学角度来分析和批判中国当代城市环境设计，是因为城市环境的美不仅是当代中国人的审美理想、审美趣味及审美价值取向乃至审美创造力是否发达的实例说明，同时也是影响人们审美认识、审美享受的随处可见也是无法回避的审美对象。对于中国当代城市环境设计所体现的审美特征的分析和理解，有助于建构良好的城市环境美学判断标准和创造出更美好、更符合人们居住的城市环境。

二、具有美学价值的环境是人类理想的栖居地

无论是理论家还是思想家都认识到了城市环境的美对城市居民的重要性。英国著名的城市环境设计师和理论家鲍尔认为，城市居民的幸福感有很大一部分来源于具有美学价值的城市环境设计，他甚至在早年出版的《城市的发展过程》中指出，城市环境设计的美学价值要优先于城市环境设计的经济功能。

众所周知，社会居民的幸福感指数并不与社会物质财富成正比，不少社会学家通过各自的研究纷纷指出，社会居民的幸福指数很大一部分源于其个体在日常生活中对美的感知和舒适的体验。而给居民带来美的感受和舒适的体验，正是一个具有美学价值的城市环境设计所具备的基本功能。

人类对秩序与美有着与生俱来的渴望，时常流连于山川河海的壮美，也曾痴迷于"清水出芙蓉"的优雅。这种对美与和谐的追求是每一个人与生俱来的本能。但是在城市环境建设中，人们常常陷入自相矛盾的境地，一方面渴望建设具有美学价值的充满诗意的理想栖息地，另一方面又因种种原因使得城市的建设与理想相去甚远。也许当前的生产技术和社会生产力会对我们追求一个充满诗意、优美的城市环境带来诸多限制，但是没有什么可以阻挡我们对理想家园的憧憬与期待。

第五章　园林植物景观设计与美学表现

第一节　园林植物的表现形态

园林植物作为园林构成要素之一，在园林景观中的地位举足轻重。如何充分发挥园林植物本身的形体、线条、色彩等自然美，按照科学性和艺术性原则，培植成一幅幅美丽动人的植物景观画面是时代赋予园林工作者的重要任务。

园林植物种类繁多，每种植物都有自己独特的外形特征。这些特征又随着植物树龄的增长和季节的变化有所丰富和发展。掌握植物的个体特性是进行植物种植设计的基础。园林植物的个体特性主要表现在姿态、色彩、体量、质感、芳香以及和自然现象结合所形成的声响和光影效果等方面。除此之外，不同民族或地区的人民，由于历史、文化及生活习俗等原因，对不同植物带有不同思想感情的看法，即植物的象征美或意境美，这也是我们进行种植设计的重要参考。

一、体量

植物的体量就是指植物大小。由于植物的体量直接影响着空间范围、结构关系及设计的构思与布局等，因此在为种植设计选择植物时，应首先考虑体量。依据园林植物能充分发挥效益的成年时的体量大小，可将园林植物大致划分为大型、大中型、中型、中小型和小型五种类型。

（一）大型

大型体量主要是大中型乔木种类。成熟期大乔木的高度可超过 20m，一般乔木也可达 9~12m。代表植物有雪松、悬铃木、香樟、广玉兰、枫香、榕树、凤凰木等。

大型乔木是构成园林空间的基本结构和骨架。它们在空间的划分、围合、屏障、装饰、引导、美化方面都起到很大的作用。因此在设计时，应首先确立大型乔木的位置，它们将对园林空间结构产生决定性的影响。

近距离观赏大型植物时，由于人与植物间的对比悬殊，很难欣赏到植物形体的全貌，给人以巨大、宏伟乃至崇敬的感受。欣赏的重点是叶、花的颜色与明暗变化以及树干的质地和色泽。远距离观赏大型植物时，看到的是植物的外形轮廓。大型乔木居于较小植物之间时，由于其体量高大，易形成视线的焦点；如果对其进行片植或林植，将形成气势壮观的场面。

（二）大中型

大中型是指高度在 4~8m 的小乔木，这类植物有桃、海棠、樱花、紫叶李、山楂等。这类植物的高度最接近人体的仰视视角，所以成为城市园林空间中的主要构成树种。常用于景观分隔、空间限制与围合、视线焦点与构图中心。

大中型小乔木除了体量优势外，其春花、秋叶、夏绿、冬姿等观赏特性也是其他植物所无法比拟的。选择何种风格的小乔木，主要取决于它的功能、大小、姿态、色彩和质感。按其观赏特性，常置于视线的焦点或被布置在醒目的地方，作为主景或引导视线之用，如园林入口附近、道路尽头、转弯处等。

（三）中型

中型是指高度在 3~4m 的高灌木，如桂花、垂叶榕、珊瑚树、山茶、金银木等。与小乔木相比，高灌木不仅较矮小，而且最明显的特点是灌木叶丛几乎贴地生长。自然型或人工型的高灌木犹如一堵堵围墙，能在垂直面上围合空间、屏蔽视线、组成私密性活动空间等。

在低矮灌木的烘托下，高灌木也能从环境中脱颖而出，成为构图焦点，吸引人们的视线，而且其形态越狭窄、色彩越明显，效果就越突出。

（四）中小型

中小型是指高度在 0.3~2m 的植物，如月季、牡丹、杜鹃花、金丝桃、连翘、南天竹等。这类植物的空间尺度最具亲人性，即使近距离也能欣赏到树木的完整形体与色彩。由于其高度与视线平齐或以下，在空间设计上具有形成矮墙、篱笆及护栏的功能。

中小型植物在设计中多充当附属因素，与较高的物体形成对比，从而增强高大物体的体量感。因其尺度较小，需大面积使用才能获得较好的观赏效果。如果使用面积小，其景观效果极易丧失。但过多使用琐碎的中小型植物，也会使整个布局显得烦琐、零碎而无整体感。

（五）小型

小型是指高度在 0.3m 以下的植物，如金山绣线菊、微型月季、麦冬、扶芳藤、美国地锦、长春蔓、常春藤、酢浆草、白三叶以及草坪类植物等。

小型植物对人们的视线不会产生任何屏蔽作用，能引导视线，暗示空间边缘，可将两个或多个孤立的因素联系成一个统一的整体。小型植物中的一些色叶植物或开花草本，可以提升观赏情趣，并能形成一些独特的平面构图。

二、姿态

植物的姿态是指植物生长过程中表现出来的大致外部轮廓。由于植物的姿态会随其生长发育而呈现出规律性的变化，因此，某种植物有什么样的姿态，通常是指在正常的生长环境下，其成年植株的形态。园林植物的姿态是植物的主要观赏特性，是植物景观构图的基本要素之一，对园林景观的营造起着重要的作用。

（一）植物姿态的类型

植物的姿态千变万化，乔木类植物有圆柱形、圆锥形、卵圆形、圆球形、垂枝形等；灌木的姿态有丛枝形、匍匐形等；草本花卉体量较小，在园林中，多应用其群体姿态。通常，各种园林木本植物的姿态可分为以下种类：①圆柱形，如杜松、钻天杨、铅笔柏等；②圆锥形，如圆柏、雪松、华北落叶松、水杉、云杉、冷杉等；③卵圆形，如白皮松、毛白杨、悬铃木、香椿、七叶树等；④倒卵形，如刺槐、千头柏、旱柳、樟树等；⑤圆球形，如馒头柳、千头椿等；⑥伞形，如鸡爪槭、合欢、油松等；⑦垂枝形，如垂柳、绦柳、垂枝桃、垂枝榆等；⑧曲枝形，如龙桑、龙爪槐、龙枣、龙游梅等；⑨丛枝型，如玫瑰、锦带花、南天竹、棣棠等；⑩拱枝形，如迎春、连翘、多花枸子等；⑪棕榈形，如棕榈、蒲葵、椰子、苏铁等；⑫匍匐形，如铺地柏、沙地柏、平枝枸子等。除此之外，植物受自然环境因素的影响会形成各种富于艺术风格的体形，如高山上、岩石缝隙中的树木或多风处的树木以及老年树或复壮树等，会呈现出特殊的姿态（如悬崖形、风致形等）。藤本植物常常依靠其攀附的构筑物形成各种姿态。

（二）植物姿态的表情

植物的姿态具有不同的"方向性"，不同方向的植物有不同的表现性质，称为"姿态的表情"。根据植物的"方向性"，可将植物分为垂直方向类、水平展开类、无方向类及其他类。

1. 垂直方向类

垂直方向尺度长的植物为垂直方向类植物。圆柱形、圆锥形等植物可以归入此类。常见植物有圆柏、塔柏、铅笔柏、钻天杨、水杉、落羽杉、雪松等。此类姿态的植物具有显著的垂直向上性，通过引导视线向上的方式，突出空间的垂直面，为一个植物群落和空间提供一种垂直感和高度感。

2. 水平展开类

水平方向尺度比垂直方向尺度长的为水平展开类植物。匍匐形姿态的植物都具有显著的水平延展性，如矮紫杉、沙地柏、铺地柏、平枝枸子等。需要指出的是，一组非水平展开类植物组合在一起，当长度明显大于宽度时，植物本身特有的方向性消失，从而给人以空旷和荒凉的感觉。这类植物可以增加景观的宽广感，使构图产生一种宽阔感和延伸感，还会引导视线沿水平方向移动。

水平展开类植物通常用作地被，形成平面或坡面的绿色覆盖物；或者布置于平矮的建筑的周边，延伸建筑物的轮廓，使其融合在周围环境之中，与周围环境相协调；在构图中，水平展开类植物与垂直方向类植物或具有较强的垂直性的灌木配植在一起，能形成强烈的对比效果。

3. 无方向类

各方向尺度大体相等，没有显著差别的为无方向类植物。园林中的植物大多没有显著的方向性，如姿态为卵圆形、倒卵形、圆球形、丛枝形、拱枝形、伞形的植物。球形植物为典型的无方向类，如黄杨球、大叶黄杨球、枸骨球等，还有馒头柳、千头椿等也具有球形植物的性质。

　　无方向类植物既无方向性，也无倾向性，在构图中使用不会破坏设计的统一性。这类植物外形圆柔温和，有浑圆、朴实之感，配以和缓的地形，可以产生安静的气氛，可以和其他曲线形的因素相互配合、呼应，还可以调和其他外形较强烈的形体，但此类植物创造的景观往往没有重点。

　　4. 其他

　　曲枝形这类植物明显的特征是枝条扭曲，如龙桑、龙枣、曲枝山桃、龙游梅等。这类植物具有横向的力，枝条向左右延伸，可引导人的视线。垂枝桃等典型的垂枝植物，也包括枝条拱形下垂的迎春、连翘等植物。这些植物都具有明显的悬垂或下弯的枝条，有明显的向下的方向性，有一种向下运动的力。在设计中它们能起到将视线引向地面的作用，不仅可赏其随风拂动、富有画意的姿态，而且向下的方向性能使构图重心更加稳定。棕榈形主要是指棕榈科的植物，这类植物形态独特，能很好地体现热带风光，如椰树、假槟榔、棕梅等。这类植物均为常绿植物，质感上偏向粗质，给人的感觉是比较粗犷；特殊形植物造型奇特，有不规则的、多瘤节的、歪扭式的和缠绕螺旋式的等。此类植物通常是在某个特殊环境中已生存了多年的成年老树。除了专门培育的盆景植物外，大多数特殊形植物的形态都是由自然力造成的，如风致形、悬崖形和扯旗形等。这类植物最好作为孤植树，放在突出的设计位置上，作为视线焦点，构成独特的景观效果。在一定空间里，这类植物一般只宜放置一棵，放置较多易产生杂乱的景象。

三、色彩

　　园林植物色彩丰富，不同的叶色、花色、果色，加之随着时间的变化而发生的季相变化，营造了色彩缤纷的景观，展现了园林艺术包括时间在内的四维空间的魅力。植物的色彩主要包括叶、花、果、干的色彩，其中植物的叶色和花色是表现植物色彩美的主要部位。

（一）叶色美

1.春色叶植物

许多植物在春季展叶时呈现黄绿或嫩红、嫩紫等娇嫩的色彩，鲜艳动人，如垂柳、香椿、山麻杆等；有些常绿植物的新叶初展时，呈现出黄色或红色，犹如开花般美丽，如香樟、石楠、桂花等。

2.秋色叶植物

凡是在秋季，叶色能有显著变化，并能呈现一定的观赏效果的植物，称为秋色叶植物。秋色叶植物是园林中表现时序的主要素材。秋叶呈红色的植物有枫香、五角枫、鸡爪槭、茶条槭、黄护、乌桕、盐肤木、柿树、漆树等；秋叶呈黄色的植物有银杏、无患子、鹅掌楸、白蜡等；水杉、水松、池杉的秋叶呈红褐色。在园林实践中，世界各地的园林工作者都非常重视运用秋色叶植物营造秋景。例如，在我国北方每到深秋都要观赏由黄植的红叶或银杏金黄色的叶片形成的美丽景观，而在南方则以枫香、乌相的红叶著称；欧美的秋色叶中，红棚、桦类等最为夺目；在日本以槭树最为普遍。

3.常色叶植物

有些园林植物叶色终年为异色，不必待秋季来临，这类植物被称为常色叶植物。常色叶植物可用于图案造型和营造稳定的园林景观。常见的紫红色叶类常色叶植物有五色觉中的"小叶红"、红枫、红槛木、紫叶李、紫叶小檗、紫叶矮樱、紫叶黄种等；黄色叶类常色叶植物有金叶女贞、金叶连翘、金叶国槐、金叶榆等。

4.斑色叶植物

斑色叶植物是指叶片上具有斑点或条纹，或叶缘呈现异色镶边的植物，如金边黄杨、金心黄杨、洒金东瀛珊瑚、金边瑞香、花叶锦带、洒金柏、变叶木、金边胡颓子、银边吊兰等。

5. 双色叶植物

有些植物的叶背、叶面具有显著不同的颜色，在微风吹拂下有着特殊的闪烁变化的效果，色彩变幻，极具意境之美，这类植物称为双色叶植物，如红背桂、银白杨、胡颓子、桂香柳、栓皮栎等。

（二）花色美

植物的花色万紫千红，尤其是草本花卉花色多样，开花时艳丽动人，先花后叶的木本植物赏心悦目，是营造视觉焦点的极好材料。园林植物的花色有如绘画中的调色板，五彩缤纷，如红色的玫瑰、石榴、山茶、杜鹃、一串红、美人蕉，洁白的白玉兰、白丁香、四照花、梅花，黄色的迎春、金钟、桂花、蜡梅、万寿菊，紫色的紫荆、紫藤、毛泡桐、紫薇、木槿等。

（三）果色美

硕果累累、色彩艳丽是对秋季景观的写照。苏轼一句"一点黄金铸秋橘"，把秋橘的果实描述得如同黄金般美好，说明植物的果实也可以表达出美好的园林意境。园林植物果实的颜色十分丰富，红色的有南天竺、石榴、山楂、海棠、火棘、珊瑚树、金银木等的果实；黄色的有银杏、佛手、杞果、梅、杏的果实；橙色的有橘、柚、柿的果实；白色的有红瑞木、雪果的果实；紫色的有紫珠、葡萄的果实；蓝色的有十大功劳、海州常山的果实；黑色的有金银花、女贞、君迁子、鼠李、常春藤等的果实。

（四）干色美

树干色彩也极具观赏价值，尤其是北方的冬季，落叶后的树干在白雪的映衬下更具独特魅力。通常树干的色彩为褐色，少量植物的树干呈现出鲜明的色彩，易营造引人注目的亮丽风景。如白色枝干的白桦、白皮松、柠檬桂、毛白杨、银白杨、粉单竹等；绿色枝干的竹、梧桐、棣棠等；黄色枝干的金竹、金枝槐等；红色枝干的山桃、红瑞木、商陆；紫色枝干的紫竹；等等。

在现代城市景观中，常运用株丛紧密且耐修剪的彩叶植物或者色彩丰富的草本花卉形成色带、色块，营造平面图案或立体造型植物景观，以强调色彩构图之美，表现色彩的明快感及城市的快节奏感。我国城市园林中常在劳动节、国庆节、春节时运用不同色彩的四季秋海棠、三色堇、矮牵牛等花卉，按色块、色带的形式组合在一起，构成美丽的图案，寓意深刻，节日气氛浓烈，艺术效果突出；在城市街头、分车带及立交广场上，也常用金叶女贞、红檵木、紫叶小檗、黄金榕、金叶桧等常色叶植物及一些常绿花灌木，配成大小不等、曲直不一的色带或色块，突出色彩构图之美。

四、质感

植物质地是植物可见或可触的表面性质，如植物叶子是纸质、膜质、革质等。而植物质感，是人们对植物质地所产生的视觉感受和心理反应。一般来说，我们从粗糙的质地中感受到的是野蛮的、男性的、缺乏雅致的情调；从细致光滑的质地中感受到的则是女性的、优雅的情调。总之，植物质感有较强的感染力，能给人以视觉和触觉上的冲击力，使人们产生丰富的心理感受，从而给景观增加趣味。

根据植物的质感在景观中的特性及潜在用途，可将植物质感大致分为三类：粗质型、中质型及细质型。

（一）粗质型

粗质型植物通常由大叶片、疏松而粗壮的枝干（无小而细的枝条）以及松散的树冠组成，如榉树、欧洲七叶树、广玉兰、核桃、火炬树、棕榈、凤尾兰、木棉、鸡蛋花等。

粗质型植物给人以强壮、坚固、刚健之感，其观赏价值高。因此，粗质型植物可在景观设计中作为焦点，吸引观赏者的注意力或使景观显示出强壮感。同时，由粗质型植物组成的园林空间比较粗放，缺乏雅致的情调。因此，在使用粗质型植物时应适度，避免形成过于凌乱的景观。

粗质型植物适宜种植在面积较大的空间。在狭小空间布置粗质型植物，就须小心谨慎，一旦种植位置不合适或过多地使用该类植物，空间会被植物"吞没"。

（二）中质型

中质型植物是指那些具有中等大小叶片，枝干中粗及具有适度密度的植物。多数植物都属于中质型，如水蜡、女贞、槐、海棠花、山楂、紫薇等。

同为中质型植物，在质感上也有粗细的差别。例如，紫松果菊就比矢车天人菊粗壮，银杏比刺槐粗壮。在景观设计中，中质型植物往往充当粗质型和细质型植物的过渡成分，将整个布局中的各个部分连接成一个统一的整体。

（三）细质型

细质型植物具有细小叶片和小枝，整体看起来整齐、密集而紧凑。如棒树、鸡爪槭、北美乔松、馒头柳、柽柳、地肤、文竹、苔藓等，修剪后的草坪也多属于细质型。

细质型植物给人以柔软、纤细的感觉，在景观中极不醒目，具有一种"远离"观赏者的倾向，从而造成观赏者与植物间的距离大于实际距离的错觉，在景观中起到扩大视线距离的作用，故适宜用于紧凑、狭窄的空间。由于细质型植物外观文雅而密实，轮廓清晰，适宜用作背景材料，以展示整齐、清晰、规则的特殊氛围。

植物的质感具有可变性和相对性。某些植物的质感会随着季节和观赏距离的远近而表现出不同的质感。例如，某些落叶植物在夏季呈现出轻盈细腻的质感，而在冬天落叶后则呈现出与夏季完全不同的质感。植物质感的相对性是指质感受相邻植物、周围建筑物等外界因素的影响会发生相对的变化。例如，万寿菊与质感粗壮的凤尾兰种植在一起，具有细质感，而与地肤种植在一起，具有粗质感。

在进行种植设计时，应根据空间大小选用不同质感的植物，不同质感的植物过渡要自然，比例合适，要善于利用质感的对比来打造重点景观。

设计者应把握住所用植物的质地特征，植物质感影响设计布局的协调性、多样性、空间感及空间氛围与情调，应遵循美学原理，巧妙、合理地应用质感。应用植物质感的注意问题包括以下几个方面：①注意统一与协调性，包括与植物组群间、周围环境间及空间大小的协调。同种植物的应用是很好的质感调和。大空间粗质型植物居多，空间显得粗糙刚健；小空间细质型植物居多，则显得整齐而愉悦。②注意质感的多样性，均衡使用三种不同质感类型的植物。质感种类少，布局显单调；种类多，又显杂乱。③过渡自然，比例合适。空间与空间的过渡与相连处采用质地相近的材料作为过渡与衔接，使景观相互交融。不同质地植物的小组群过多，或从粗质型到细质型植物的过渡太突然，都会使布局显得凌乱。④在质感选取和使用上必须结合植物的体量、姿态和色彩，以便增强所有这些特性的功能。如果一个布局中立意要突出某个体的姿态或色彩，那么其他个体宜选细质型植物作为背景衬托。⑤善于利用质感对比来创造重点，达到突出景物的效果，如苔藓的光滑柔软与石头的坚硬强壮的配合。

五、芳香

植物的芳香能给园林空间带来独特的韵味和意境。中国古典园林中常以芳香植物来提升园林景观的文化底蕴。

（一）芳香植物的类型

依据芳香植物的气味对人的情绪产生的影响，可把芳香植物分为四类：①使人感到清新、平静、温和的植物，如水仙；②能起到积极刺激，使人轻松、舒适，如茉莉；③使人头脑过于兴奋而眩晕，甚至反应迟钝、麻木，如暴马丁香；④给人带来愉快的感觉，使人产生抑制不住想获得的愿望，如玫瑰、柠檬、橙子等。

（二）芳香植物在种植设计中的作用

1. 芳香植物专类园

很多芳香植物本身就是美丽的观赏植物，可以建立专类园。配置时注意乔木、灌木、藤本、草本的合理搭配以及香气、色相、季相的搭配互补，再配以其他园林设计要素，形成月月芬芳满园、处处馥郁香甜的香花园。

2. 植物保健绿地

许多芳香植物具有保健作用，如薄荷、留兰香、薰衣草、迷迭香等芳香植物的香气能驱除蚊蝇；桂花的香气有解郁、清肺的功能；菊花的香气能改善头痛、头晕、感冒等症状；天竺葵花香有镇定神经、消除疲劳、促进睡眠的作用；兰花的幽香，能解除人的烦闷和忧郁，使人心情爽朗；松、柏、樟树等的一些挥发物具有提神、醒脑、舒筋、活血的功能。应用这些具有治疗作用的芳香植物建造植物保健绿地，形成小区域内的"绿肺"不但能够美化环境、净化空气，而且有利于预防和治疗疾病，提高人体免疫能力。景色宜人的园林空间还有利于人们放松神经，获得身心的和谐健康。

3. 布置夜花园或盲人园

由于芳香不受视线的限制，所以芳香植物常常成为夜花园或盲人园的主要植物，以嗅觉来弥补视觉的缺憾。在这类园林中，常选用浅色系、夜间可开放释香的植物，如月见草、晚香玉、玉簪、夜来香、茉莉、桂花、栀子花、白丁香、波斯丁香、暴马丁香、夜合花、含笑、瑞香、香叶天竺葵等。

（三）芳香植物在应用中应注意的问题

1. 功能性

根据园林空间的功能，选择适合的芳香植物。科研楼、教学楼及小型室外空间或者较封闭的空间不适合种植暴马丁香等香味浓烈的植物；儿童活动中心不宜选择带刺或有毒的植物种类，如玫瑰、黄花夹竹桃等，或采取必要的保护措施；安静休息区，应选择薰衣草、紫罗兰、檀香木、侧柏、蔚萝、水仙等使人镇静的植物种类；娱乐活动区可选择茉莉、百合、丁香等使人兴奋的植物。

2. 注意香气的搭配

通常在同一花期可确定 1~3 种芳香植物作为主要的香气来源，避免出现多种香气混杂的状况。

3. 注意控制香气的浓度

对于一些香味特别浓烈的植物，如暴马丁香、夜来香等，不宜大量集中种植，也不适合用于较封闭的室外小空间或室内空间，以免过浓的香味使人感到不适。在露天环境中，空气流动快，香气易扩散而不易达到预期效果时，可以利用地形、建筑物等形成小环境或者将芳香植物种植在低凹处，以维持一定的香气浓度和时间，达到预期的效果；同时应注意将芳香植物布置在上风向，便于香味的流动与扩散。

六、声响

园林并不仅仅是一种视觉艺术，对园林的审美还涉及听觉。古典园林中常用植物声响美进行造景。园林植物可以与风、雨、鸟类等巧妙配合，生动表现出植物的声响魅力。

（一）古典园林中营造声响美的常见植物种类及应用

1. 松柏

松在古典园林中通常是指油松、白皮松及柏类植物，通常与风为伴，形成"松风""松涛"等听觉景观。数量较少的小松易形成舒缓轻柔的意境，而大片松林则给人汹涌澎湃之感。听松风不受季节限制，秋冬风大，风声鹤唳，夏季听来，亦能送来丝丝清凉。如拙政园中的松风亭、无锡的听松亭以及承德避暑山庄中的"万壑松风"皆由此得名。

2. 竹

竹宜在亭、台、轩、榭旁栽植数株，或在名胜古迹的墙边、角落栽植，也宜以粉墙为背景，栽植几行，并以门洞、方窗框之，能创造出竹影婆娑的清幽典雅环境。竹叶轻盈，小而密，伴随微风发出曼妙独特的音响美，形成潇洒飘逸、萧瑟幽美的听觉景观。扬州个园里茂林修竹，园名便是取自竹字半边。苏州怡园的玉廷亭和四十潇洒亭，两亭命名也与竹有关。

3. 荷花

夏秋是赏花听雨的最佳时节，荷花配置时应稍密，周围宜静，以形成淡泊清雅的佳境。苏州拙政园西部临湖筑有留听阁，阁前有平台，两面临池，池中有荷花，阁名取自李商隐"秋阴不散霜飞晚，留得残荷听雨声"的诗意。杭州西湖十景之一曲院风荷，以欣赏荷叶受风吹雨打、发声清雅这种绿叶音乐为特色，所谓"千点荷声先报雨"。

4. 芭蕉

芭蕉叶大形美，风雨中的芭蕉有"绿云"和"清音"的动感。"风吹叶片如绿云，雨打芭蕉生清音"，绘形绘色地展示了"风雨芭蕉"的图景。如遇连绵不断的夜雨滴落在芭蕉叶上，使人更产生一种万籁俱寂的深重愁情，这也是芭蕉的声美、形美，引自然之象——雨，而构成"夜雨芭蕉"的愁美。杜牧曾写有"芭蕉为雨移，故向窗前种。怜渠点滴声，留得归乡梦"的诗句；白居易也曾写有"隔窗知夜雨，芭蕉先有声"的诗句。拙政园中的听雨轩，景名取自宋代杨万里"蕉叶半黄荷叶碧，两家秋雨一家声"，此处蕉、荷兼具，雨声潇潇，别有情趣。

5. 梧桐

梧桐叶大且秋季凋落最早，所谓"一叶知秋"。梧桐悲秋，一声梧叶一声秋，一点芭蕉一点愁：雨中的梧桐发出的声响、秋夜里人们的离别孤寂，都通过园林中听觉景观的表现手法表达得淋漓尽致。如拙政园的梧竹幽居、南京熙园的桐音馆，命名都体现了梧桐的声响美。

（二）植物塑造声景的传统手法

1. 风与植物塑造声景

风吹树木枝条、树叶以及树叶随风飘落都能发出不同声响，如松林的涛声、杨树等大叶植物的婆娑之声。选择植物，利用风作为创造声景的方法，在我国古典园林中有大量运用。

2. 雨与植物创造声景

雨景最佳的欣赏方式莫过于聆听了，古人云"听风听雨日又斜"，但这需要在植物的辅助下才可达到听雨的效果。古人在造园时，有意识地通过在亭阁等建筑旁栽种荷花、芭蕉等花木，借来雨滴淅沥的声响，为我所用。如拙政园的听雨轩，在轩前的一泓清水中植有荷花，池边有芭蕉、翠竹，雨滴在芭蕉、荷叶的叶片上，滴答有声。人靠窗栏边，漫步屋檐下，静听雨声，细细观景，这种环境，最适合品茶下棋了。在室内也正好有一张红木棋桌，应是从唐李中的"听雨入秋竹，留僧复旧棋"而得来的。

3.植物吸引鸟类等间接形成听觉景观

园林生态系统不仅有多样的植物，还有丰富的动物资源。蝉鸣鸟啼、蛙声一片的景象历来为人们所喜欢，这些声音也构成了环境中的听觉景观。因此，在选择植物时应充分考虑这些因素，尽量选择可以诱导小动物取食、聚居、搭窝筑巢的种类。植物通过对其他生物的吸引，间接形成了听觉景观。同时，这对于生物多样性保护、生态系统的稳定也有重要的意义。

七、光影

自然光投照于物体上，会产生不同的景观效果和意境。计成《园冶》中所言的"梧荫匝地""槐荫当庭"和"窗虚蕉影玲珑"等都是对植物阴影的欣赏。在日光或月光之下，墙移花影，蕉荫当窗。以竹为例，则有"日出有清荫，月照有清影"，突出了"清"的美感。

"扬州八怪"之一的郑板桥平生非常爱竹，在他著名的《竹石图》里写道："十笏茅斋，一方天井，修竹数竿，石笋数尺，其地无多，其费亦无多也，而风中雨中有声，日中月中有影，诗中酒中有情，闲中闷中有伴，非唯我爱竹石，即竹石亦爱我也。"东岳泰山里的筛月亭即为欣赏月影的景点。亭旁有一棵六朝古松，虬枝弯曲如蟠龙，每当皓月当空，朗朗月光透过茂密的松针洒向地面，光怪陆离，如同筛月，故名，遂成为泰山赏月佳处。

植物造景存在时间变化（白天、黑夜）、季相变化（春、夏、秋、冬）以及气象变化（雨、雾、风、霜、雪等）。无论是灿烂日光，还是温柔月光，均带给植物空间多样的变化美感，不同时间景象产生的光影差异，构建了植物空间的动态变化特性。

"影随光行"，植物空间依赖光影的各种变化，加强了植物形体的动态变化，使园林植物在形、色、香之外，又增添了一道风景，既丰富了植物空间的情感，又创造出特有的意境空间。

第二节　园林植物造景的形式美法则

形式美法则是人类在创造美的过程中，对美的形式规律的经验总结和抽象概括。园林植物造景与其他艺术表现形式一样，都要遵循形式美法则。主要包括统一与变化、动势与均衡、节奏与韵律、比例与尺度、对比与协调、主从法则、比拟与联想等。掌握形式美的法则，能让我们在进行种植设计时灵活运用形式美的法则表现美的内容。具体到园林植物，形式美法则的应用应充分考虑植物本身的色彩、姿态、体量、质感、季相等因素。

一、统一与变化统一的原则

统一与变化统一是指种植设计中的植物，其姿态、体量、色彩、线条、形式、质感、风格等，要求有一定程度的相似性或一致性，给人以统一的感觉。由于一致性的程度不同，统一感的强弱也不同。十分相似的一些植物组成的园林景观容易产生整齐、庄严、肃穆的感觉，但过分一致又觉呆板、郁闷、单调，而如果相似性过低，变化过多，则会显得杂乱无章、支离破碎，因此园林中常要求统一中有变化、变化中有统一。

植物种植设计的统一主要体现在植物种类的统一、植物观赏性的统一以及植物种植形式的统一等方面。例如，在种植设计之初就要决定采用何种树种作为基调树，是国槐还是枫杨，或是两种树的结合，这样在整个大的种植区域中，才能形成统一的基调。在规则式绿地中或者街道绿化中，可以运用重复的方法来体现统一。如街道绿化带中的行道树，用的是以等距离配置方式种植的同种、同龄乔木树种，或者选择在乔木层下配置同种、同龄花灌木类植物，这种精确的重复具备统一感。

与统一相对立的是变化，在统一的基础上变化才不致凌乱。在一个整体的基调中，将植物的种类、形式、造型等设计出不同的表现手法，体现出植物在统一中的色彩、形态、风韵、季相的变化。扬州瘦西湖外的杉树大道，用水杉作行道树，其下配植杜鹃和石楠，统一中不乏变化，街景色彩丰富、整齐美观。

园林中的变化是产生美感的重要途径，通过变化才能使园林美更加协调。在种植设计中，一定要让各要素在某些因素统一的前提下，进行一定程度的变化，这样才能组成丰富的植物景观效果。树形相同，可以种类不同，进而带来观赏性的差异。玉兰、望春玉兰同是木兰科木兰属的植物，树形很近似，但是花色不同且花期有先后，花后叶片形状也不同，使用以上两种植物材料组成观赏树丛，就是一种有变化的统一。种植设计时，园中的植物材料有几十种上百种，以满足春花、夏叶、秋实、冬干的观赏效果。各景区景观各异、丰富多彩、特色鲜明、变化多端，但它们都统一在景区的基调树种下，如颐和园各殿堂中种有海棠、玉兰、牡丹、龙爪槐、楸树、竹等，但都统一于松柏的氛围中。统一变化的原则是其他原则的理论基础，对比、韵律、节奏、联系、分隔、开朗、封闭……许许多多造型艺术的表现手法，都符合这个原则。统一与变化的关系也体现在园林设计的整体与局部的关系中。整体是由不同的局部组成的，每个组成整体的局部都有自己的个性，但它们又要有整体的共性。

二、动势与均衡

均衡就是平衡和稳定，是一种存在于观赏客体中的普遍特性，是体现物体形式美感的重要特征。在植物空间的布局中，应通过和谐的配置达到感觉上的均衡，使观赏者感到舒适、愉快。

均衡有两种：对称均衡（静态均衡、绝对均衡）和不对称均衡（动态均衡）。对称均衡是指处在对称轴线两边的力、量、形或距离等，都完全相等或相同，如同称重的天平一样，如建筑出入口前，与中轴线垂直的两侧等距离、等大小地各种植一株同种乔木的构成形式，就是对称均衡；不对称均衡是指处在中心轴线两边的力、量、形或距离等要素不相同、不相等，但心理上和视觉上的感受是相等、相同的。自然式园路两侧空地上分别种植一株乔木与三株小灌木所构成的形式，就是不对称均衡。对称均衡是最简单最稳定的均衡，它具有简单明了的特点，给人以严谨、庄重、高贵之感；不对称均衡显得自然、活泼、灵活多变，更富自然情趣。自然式园林中多采用不对称均衡的手法，以取得造型与自然之美的和谐。

动势是一种运动状态，一种动态感受。动势的营造是调动游人视觉趣味的有效方法之一。园林种植设计中植物的动势有两种情况。一种是具有柔软枝条的植物，如垂柳，当风吹过时，枝条舞动，产生动态美感。另一种是指植物本身不会有明显的位置移动，但由于视觉心理的作用，较小植物所处的位置形成了植物的动势指向。如果沿着这种指向在较小植物个体前再种植一株更小的植物，这种动势就会更加强烈，形成一边倒的动势形式；如果在指向的方向种植一株较大植物，这种动势就会有所抵消，从而构成某种动势的均衡。动势与均衡多表现为第二种情况，尤其表现在多株植物组合的立面景观中。苏州留园花步小筑就运用南天竹与爬山虎的动势均衡形成了一幅立体画面。

动势是均衡的对立面，两者是对立统一、相辅相成的。各种对称均衡的造型，虽有端庄、稳重的美感，但常显生硬刻板，其原因就是缺乏动势。在规则式园林或植物空间中可以运用对称均衡，这种构图是比较容易营造的。在自然式园林中则要追求有动势的、不对称的均衡，这种空间构图要求有较高的艺术性。这种均衡感的形成是包括姿态、质感、色彩、体量等多种特性综合形成的感受。一块顽石可以平衡一个树丛，体形上的差异虽然很大，但人的感知上却觉得平衡。这是因为人们经验上都知道石头很重，对石头有一种重量感，而枝叶扶疏的树丛给人以轻快感。本来石与树丛是不平衡的，但经过园林艺术家的权衡运筹之后，石头不多放，树木成丛种植，结果感觉上的分量是均衡的。再如自然式园林中起伏的地形与山石、树木组合在一起形成视觉上的平衡。这是不同景物间的平衡，需要设计师精心安排，这一类权衡轻重的复杂艺术常称为综合均衡。如果人们在不知不觉中感到眼前的景致有一种自然的均衡感，那就成功了。

三、节奏与韵律

节奏是指声音或物体等时间或等距离地重复出现，如人的脉搏、呼吸、步伐，相同的行道树等距离地重复栽植等，都表现出一种节奏。韵律是节奏的变化形式，是一种不规则但有规律的重复，如一片片跌宕起伏的林冠、一座座逶迤连绵的山岭、一条条蜿蜒曲折的小河，无不体现出优美的韵律。

植物景观是植物有机地组成的立体画面，恰当运用植物进行合理的配植，可形成丰富而含蓄的韵律感，使人产生愉悦的审美感觉。植物景观的韵律根据变化规律不同分为简单韵律、交错韵律、渐变韵律和季相韵律。一种植物等距离排列称为简单韵律，此排列比较单调且装饰效果不大。两种树木，尤其是一种乔木与一种花灌木相间排列，或者带状花坛中不同花色分段交替重复产生的韵律，均称作交替韵律，此排列略显活泼。如果三种植物或更多植物交替排列，会获得更丰富的韵律感。渐变韵律是指园林景物中连续重复的部分，有规律地逐渐变化而形成的韵律，如植物群落布置逐渐由疏变密、由低变高、色彩由淡变浓等。植物的色彩搭配，随着季节的变化发生韵律变化，形成季相韵律，如三月黄色的连翘开放，六月粉红色的蔷薇开放，七、九月紫薇开放，如此可形成季相韵律。

园林艺术的韵律，具有十分复杂的内容。有些韵律感是可见的，如两个树种交替使用形成的行道树景观（如杭州西湖苏堤上红绿相间的垂柳和桃树）。而自然界的山水花草树木组成的风景的韵律感又是复杂的，像一组管弦乐合奏的交响乐那样，是含蓄的、难以捉摸的。水岸边种植木芙蓉、夹竹桃、杜鹃花等，倒影成双，一虚一实形成韵律；一片林木，树冠形成起伏的林冠线，与蓝天白云相映，风起树摇，林冠线随风流动是一种韵律；植物体叶片、花瓣、枝条的重复出现也是一种协调的韵律。园林植物产生的丰富韵律取之不尽。

四、比例与尺度

比例是指物体与物体之间或物体各组成部分之间在度量上的相对数比关系。如园林中的乔木、灌木及各种景物在空间上具有适当的比例关系，其中既有景物本身各部分之间的长、宽、高的比例关系，又有景物之间、个体与整体之间的比例关系。

尺度是景物、建筑的整体或局部构件以人所习惯的一些特定标准尺寸作为参照来衡量的。如人们日常生活中所接触的房屋踏步、栏标、窗台、座椅、书桌等尺寸是符合使用功能的，称作不变尺度。用这种不变尺度去衡量高大建筑或建筑模型时，按正常的固定比例，原有的实际尺寸发生了变化，这便是尺度与比例的关系。在西方人心目中，尺度是十分微妙而且难以捉摸的，其中既有比例关系，又有匀称、协调、平衡的审美要求，最重要的是联系到人的体形标准套间的关系以及人所熟知的大小关系。

一般说来，尺度可以分为三种类型：自然尺度、夸张尺度（超人尺度）和亲密尺度。自然尺度就是人们习惯上认为的物体最常见、最普遍、最实用的尺度，如成人使用的圆凳的自然尺度为：凳面直径约30cm、凳身高约45cm。自然尺度造景给人以真实、亲切感。夸张尺度是指超出正常自然尺度大小的尺度，它是事物固有的自然尺度同比例的放大，如超乎常人尺度的伟人雕塑、广告牌上的放大特写镜头、会议大厅等，常给人伟大、醒目和空间宽敞的感觉。亲密尺度是指小于正常的自然尺度大小的尺度，它是事物固有的自然尺度同比例的缩小，如建筑模型、山水盆景、儿童用品等，亲密尺度给人小巧玲珑、富于情趣之感。

园林建设因用地规模、自然条件、功能作用、主导思想、财力等因素的影响，在比例尺度上的处理也不同。如颐和园与苏州的私家园林相比，颐和园山大水阔，景致壮观奢华，植物多以大型乔木为主要基调，建筑群高大雄伟、金碧辉煌，大园中又设置小尺度的谐趣园，小中见大，大中有小，尽显皇家园林的奢华、高贵和气势；而苏州的网师园山小、水小、亭榭小，植物配置以小型乔木配以小型灌木为主要基调，虽然总面积仅 0.6hm²，但比例尺度适宜，布局紧凑，小中见大，奇趣无穷。

五、对比与协调

对比与协调是体现园林植物造景的形式美法则之一。组成整体的要素之间在同一性质的表现上都有不同程度的比较关系，如体量之间、形状之间、色彩之间、空间的明暗之间的比较等。在同一性质上它们有共性，也有个性。当个性大于共性时，彼此的反差就大，称作对比。对比的产生是因为相互个性突出，在整体构图中突出了个性，便是强调了变化。如果共性占有优势，个性的成分较少时称作协调，协调是强调统一的手段。在种植设计中，可以在树丛、树群、花坛等单体设计中应用，也可以在整体的空间构图中应用。

（一）姿态的对比

姿态对人的视觉影响很大，不同的植物有不同的姿态。由于姿态给人的视觉影响比较大，可以利用不同姿态的组合，如通过钻天杨的竖向与合欢的横向对比、圆柏的尖塔形与沙地柏的匍匐形的对比等，达到突出主题或者改善视觉景观的目的。

（二）体量的对比

体量是一个物体在空间的大小和体积。植物的体量取决于植物种类，乔木体量最大，地被类植物体量较小。由于体量在一个空间中往往给人以重要印象，因此，在种植设计中，往往把具有不同体量的植物以对比的方式来形成视觉中心。如一条蜿蜒曲折的园路两旁，路的右侧若种植一株高大的雪松，则邻近的左侧须种植数量较多、单株体量较小的成丛花灌木，在形成体量对比的同时，以求均衡。

（三）色彩的对比

运用色彩的色相、明度之间的对比与协调达到变化与统一的目的，如色相之间的互补色可以产生一冷一热的对比，明度的不同可以产生一明一暗的对比。它们并列时相互排斥，对比强烈，呈现跳跃、新鲜的效果，可以突出主题，烘托气氛。人们常说的"万绿丛中一点红"，是指在大片的绿色中，只要有一点红便非常突出。在北京香山游览区，路旁草地的红枫以翠绿的草毯作为背景，衬托红枫鲜红的色彩，为游人爬山增添情趣，引导游人的视线，突出了主题。色相比较接近的颜色相衬托时容易呈现协调的效果，这时也可以通过调节色彩的明度来取得对比效果。如深绿色的树木与米黄色的建筑相衬托，可突出建筑的形态；公园的入口及主要景点常采用不同明度的植物进行组合配置，以亮丽色彩的植物作导景，引导游览。

（四）质感的对比

质感是指植物枝条的粗细、叶的大小、生长的密度、干的光滑与粗糙等给人的综合感受。植物有粗质、中质、细质之分，不同的质地给人以不同的感觉。不同质感的植物搭配对空间的大小及主题的表达也有不同的影响，合理运用质感间的对比、调和及渐变是设计中常用的手法。当具有不同质感的植物在设计中同时出现时，往往能形成视觉的冲击，如具有粗大叶片的八角金盘和叶片细小的小叶女贞配植在一起就形成了质感的对比。植物与园林其他要素在质感上的对比也是造景时常用的手法。

（五）开合的对比

开合的对比是指开敞空间与闭合空间的过渡缓急程度。开合与明暗是相关的，一般情况是开则明、合则暗。如果从开敞空间骤然进入闭合空间，便有视线突然受阻、天地变小而产生压抑感。同样，从封闭空间转入开敞空间时又有豁然开朗、心情舒畅的感受。这就是对比中开合对比的特点所在。空间内开合的变化手法，达到了刺激人感官变化的目的，也增加了空间的层次，采用了延长景深的手法。利用空间的收、放、开、合，形成植物景观空间的变化序列。

植物材料可以在地平面上以不同高度和不同种类来暗示空间的边界，从而营造出多种类型的园林空间，给游人以丰富的感知意识。例如，使用一些较为低矮的灌木、花草、绿篱及地被植物可以形成开敞空间；利用乔木和灌木类植物的枝干形成空间的分隔。空间的封闭度随树干的粗细、疏密以及种植形式不同而不同，同时，其封闭度也随着植物自身的高低、大小、密度、株距、树冠的形状以及游人与周围植物的相对位置而变化。

在园林中运用对比与协调手法达到统一变化的内容较多，除以上列举的几种以外，还有虚实对比、方向对比、动静对比等。当然，以上所列手法经常混合使用，如常绿植物圆柏、黄杨、沙地柏等组成的树丛，具有形态（尖塔形与圆球形、匍匐形）的对比，同时又具有叶色（翠绿与暗绿）的对比以及体量（高大的乔木与灌木）的对比，使树丛整体效果达到协调。

六、主从法则

元代《画鉴》中写道:"画有宾有主,不可使宾胜主。""有宾无主则散漫,有主无宾则单调、寂寞。"这两句话把主与宾之间的关系和作用说得很清楚了。

主体与从属的关系就是主从法则。在园林种植设计的形式美规律中也有主与次、重点与一般的形式表现关系。主景设计时,应考虑将游人的视景空间锁定在构图中心范围内,体现主题,营造较强的艺术感染力。

配景要起到衬托主题的作用,不论从色彩、体量还是形式、位置等方面,都不能超越主景,防止喧宾夺主。主景与配景是互不可分、相得益彰的变化统一的整体。每个景区中主景只能有一处,而配景可以有多处。突出主景的方法主要有以下几种:

(一)主体升高

可以抬高作为主景的植物景观的高度,使其在立面上形成全局或局部空间的重点。要达到这种效果:一是要选择垂直方向的植物形成挺直高耸的感觉;二是根据地形的变化抬高主体植物的种植点,使其高于所在空间或全园内的其他植物。

(二)利用轴线和风景视线的焦点

在规则式布局中,轴线具有很强的控制力,尤其是主轴线的端点与其他副轴线的交点处,都是景观序列的核心和视觉焦点。故常将主要观赏植物群安排在主轴线的端点或近于端点的其他轴线交点上。

（三）运用动势的向心

在四面环抱式的周边植物配置中，周围景物往往具有向心的动势，由外向内、由高至低，如果中间是雕塑、涌泉、花坛或孤植树等，周边植物所制造出的向心性就更为明显，雕塑、涌泉、花坛或者孤植树则更为突出，就形成了空间主景。

（四）运用空间的构图重心

这一点与前文的动势向心大同小异。在规则式园林中常将主景布置在几何中心；在自然式园林中，则将主景安排在自然重心上，显得更为自然。如公园里的三岔路口会布置一块形成视线终点的绿地，在绿地的自然重心上会根据周围环境和绿地的大小布置孤植树、树丛，或者将植物与山石、小品结合形成组合景观，这些景观由于处于局部空间构图的重心，成为这个空间的主景。

除以上几种强调主景的手法外，通过色彩、体量、形态、质感等的对比，也能起到强调主景的作用。实际上，很多被突出的主景往往不只运用一种手法，而是几种手法同时运用。

七、比拟与联想

植物的生态习性和形态特征常能引起人们各种比拟和联想。我国古代文人的诗词及民俗文化中，有许多赋予了植物人格化的名言佳句，这些名言佳句融合在园林植物的诗情画意之中。

最为人们所熟知的如松、竹、梅被称为岁寒三友，象征着坚贞、气节和理想，代表着高尚的品质。其他，如松柏象征着坚贞不屈、万古长青的气概，又因为四季常青，也象征着长寿，因此常被用在纪念性园林中，以表达敬意和向往。在民间，传统上更有"玉、堂、春、富、贵"的观念，人们希望家中能有玉兰、海棠、迎春、牡丹、桂花开放，即使只有一种能在家中开放，都会带来全年精神上的快乐和安慰。"人面桃花别样红"，桃花象征好运，常栽在房前。"红豆生南国，春来发几枝，愿君多采撷，此物最相思"中的红豆，代表相思。玫瑰美丽却带刺，象征着神圣可贵、不可玩弄的爱情。类似的植物及其诗词名言，不胜枚举，为种植设计提供了很好的联想素材。植物联想美的形成是比较复杂的，它与民族的文化传统和各地的风俗习惯、文化教育、历史发展等有关。中国具有悠久的历史文化，在欣赏、讴歌大自然中的植物美时，曾将许多植物的形象美概念化或人格化，赋予其丰富的感情。事实上，不仅中国如此，其他许多国家亦有此情况，例如日本人钟爱樱花，每当樱花盛开的季节，男女老幼载歌载舞，举国欢腾；加拿大以糖槭树象征着祖国大地，将树叶图案绘在国旗上。植物的联想美，多是由文化传统逐渐形成的，但它并不是一成不变的。例如"白杨萧萧"是由于旧时代，一般的民家多将其植于墓地而形成的。如今，白杨生长迅速，枝干挺拔，广泛应用于园林绿地中，因为时代变了，绿化环境变了，所形成的景观变了，游人的心理感受也变了，所以当微风吹拂时就不会有"萧萧愁杀人"的感觉。相反地，如配植在公园的安静休息区还会产生"远方鼓瑟""万籁有声"的安静松弛感，从而产生让人充分休息的效果。

第三节　草本花卉的景观设计

草本花卉是园林绿化的重要材料。草本花卉具有种类繁多、色彩丰富艳丽、生产周期短、布置方便、花期易于控制等优点，因此在园林中广泛应用。花卉的作用是多方面的，不仅可供观赏，还可食用、药用，也被用作节日礼物（如情人节的玫瑰）、作为城市的标志（如市花）等，涉及社会活动的各个方面。花卉的应用注重色彩的丰富性和景观的多样性，一直以来都是园林植物造景的重要组成部分。近年来，成功的花卉作品不仅有美的形象，还需要有精巧的立意构思，能够塑造造型、表达主题、传达文化。其主要应用形式有花坛、花境、花池、花台及立体装饰、造型装饰等。

一、花坛

花坛内种植的观赏花卉一般都有两种以上，以它们的花或叶的不同色彩构成美丽的图案。花坛往往是人工布置的，属于另一种艺术风格，在园林绿地中起到画龙点睛的作用，应用十分普遍。

（一）花坛的作用

1. 观赏、点缀和美化

常应用于园林的花坛有上百种，千姿百态、娇美动人。花坛能观花、赏叶，也有丰富多彩的季相色彩。

2. 宣传和标志

市花是城市的象征，以市花组成的花坛可成为城市的标志。一个单位、一件事物结合其标徽或吉祥物，配以相应的花坛，也可起到标志的作用。用花卉组合成的字体、标语、图示更能直接起到宣传作用。

3. 基础装饰

以花坛作配景，用以装饰和加强园林景物的，称为基础装饰。如果以花坛装饰雕像基座，会使雕像富有生命感；山石旁的花坛，可使山石与鲜花产生刚柔结合的效果；喷水池旁的花坛，不仅能丰富水池的色彩，还可作为喷水池的背景，使园林水景更显亮丽；建筑物的墙基、屋角设置花坛，不仅美化了建筑物，而且使硬质的墙体与地面连接的线条显得生动，加强了基础的稳定感。

4.分隔空间和屏障

花坛的形状、大小，特别是花木枝叶的浓密度、花卉栽植的密度及其生长的高度等，可作为划分和装饰地面及分隔空间的手段，还可起到一种隐隐约约、似隔非隔的生物屏障的作用。

5.组织交通

城市街道上的安全岛、分车带、交叉口等处，设置花坛或花坛群（或行、车行的美感与安全感）；火车站、机场、码头的广场花坛，往往是一个城市环境的标志和橱窗，对美化一个城市的艺术面貌起着十分重要的作用。

6.增加节日的欢乐气氛

五颜六色、鲜艳夺目的各色花坛，往往成为节假日欢乐气氛最富表现力的一种形式。近年来，我国各城市每到节假日都是广设各式花坛，色彩缤纷，气氛热烈，游人赏之雀跃，纷纷拍照留影，故节假日的花坛（尤其是有一定主题的花坛）往往是城市环境美化的主角，成为最受游人欢迎的一种生态形式。

（二）花坛的分类

1.按照花坛地位划分

根据花坛在园林绿地中的地位可以分为独立花坛、组群花坛和连续花坛。

（1）独立花坛。独立花坛为园林绿地的局部构图而设置，一般设置在绿地的中心位置，往往是对称的几何图形。独立花坛可以有各种各样的主题表现，其中心往往用特殊方法处理，有时用形态规整或人工修剪的乔灌木，有时用立体花饰，有时也以雕塑为中心等。

（2）组群花坛。由多个花坛组成一个统一整体布局的花坛群，称为组群花坛。组群花坛的布局是对称的，其中心部分可以是一个独立的花坛，也可以是水池、喷泉等，其余各个花坛本身不一定是对称的。

（3）连续花坛。在带状地带设立花坛时，由于交通、地势、美观等缘故，不可能把带状花坛设计为过大的长宽比或无限长。因此，往往分段设立长短不一的花坛，可能有圆形、正方形、长方形、菱形、多边形等。许多个各自分设的花坛成直线或规划弧线排列成一线，组成有规则的整体时，就称为连续花坛。

2. 按照布置方式划分

根据花坛布置的方式可以分为盛花花坛、模纹花坛、造型花坛和造景花坛。

（1）盛花花坛。盛花花坛又称花丛花坛，主要是以欣赏草本花卉盛开时鲜艳华丽的色彩为目的，一般由观花的草本花卉组成，要求高矮一致。盛花花坛可设置在大型广场的中央，也可以布置在大型建筑物的正前方，衬托建筑物，增强建筑物的艺术感染力。

（2）模纹花坛。模纹花坛主要由低矮的观叶植物或花叶兼美的植物组成各种图案或文字。毛毡花坛是典型代表，主要采用观叶植物如红绿草，花坛的表面修剪成平整或和缓的曲面。

（3）造型花坛。造型花坛利用模纹花坛的手法，运用草本观叶植物做成各种造型，如动物形体、花篮、花柱、花瓶、亭子、塔等。常用的植物有红绿草和小菊等。

（4）造景花坛。造景花坛体现自然景观的特色，运用植物材料和骨架材料构建山、水、桥、亭等景观。

3. 按照花坛形状划分

根据花坛形状可以分为几何形体花坛、带状花坛、花缘。

（1）几何形体花坛。几何形体花坛指植床外形为规则的几何形及其变形，如圆形花坛、长方形花坛、菱形花坛等。

（2）带状花坛。带状花坛指长轴比较长，为短轴（一般短轴宽1m以上）四倍以上的花坛。作为道路两边、建筑物墙基的基础装饰，可以缓冲墙基、墙角与地面之间生硬的线条，通常作配景。常用的植物有雏菊、半枝莲、香雪球、百里香、酢浆草等。

（3）花缘。花缘指短轴宽1m以下，长轴为短轴四倍以上的带状花坛。花缘常作镶边或基础种植，通常作配景。

（三）花坛平面设计

花坛平面设计过程中要处理好以下关系。

1. 花坛与道路的关系

在园林绿地中，常常会出现带状花坛、连续花坛等多种形式的观赏类型。带状花坛是利用同期开放或先后开放的草本花卉，规则地栽种在设有砌边的植床内，在路旁连成延长线。带状花坛的宽度不应与路宽相等，宜小于路的宽度，长度则可依路的长度设置。

2. 花坛与周围植物的关系

花坛所在地周围植物，尤其是乔木对花坛投影的程度，往往成为花坛能否发挥最佳效果的关键。因此，在设计时，植物材料的选择，必须从该地接受阳光照射的时间来决定。光照时间短或者根本得不到阳光照射处的花坛，必须选用半耐阴或耐阴的花材；反之，阳光充足之处，就应选用喜光花材。花卉得不到适宜的光照时间与强度，就不能得到最佳观赏效果。如半枝莲为喜阳花卉，在强光下，五颜六色的花冠全部开放；如果在弱光甚至见不到直射光的树荫下，则花冠闭合，花蕾不展。又如草茉莉从傍晚到清晨开放，午前萎谢，如果种植在光照时间很长的花坛内，势必不能充分发挥其特性。所以在进行花坛设计时，对于各种花卉的开花特性以及花坛所在地的条件要统一考虑，才能收到良好的效果。

花坛设计的层次与背景包括以下几方面内容。①层次。次常规的设计是采用内高外低的形式，使花坛形成自然斜面，便于观赏者看到花坛内清晰的、较为完整的花纹。如果所采用花苗的高度基本相等时，可将土壤整出适当的斜坡，坡度一般以 30° 为宜，过大易引起水分下流，造成中心缺水，边缘积水。通常宜采用不同高度的花卉相互搭配，使各种花卉不致互相遮挡，使设计纹样明显突出。②背景花坛效果的好坏与背景的设计和选择是否适当有关。因此，设置花坛应与背景的设计与选择同时考虑。如果是以建筑物作为花坛的背景，应该注意花坛内选用花材的色彩，须与建筑物的色彩有明显的区别。绿色植物做花坛背景时，由于绿色的色度较暗，花坛用材以鲜艳的或浅色调的为宜；山石作为花坛所在地的背景时，一般园林内的山石多为灰色，则花坛材料以紫、红、粉、橙等色为妥；至于草地边缘的花坛、花带，除色彩鲜艳外，还以选择花朵繁茂、聚花型材料为宜，如果采用枝叶茂密而花朵稀少的材料，则花坛与草地没有鲜明的区别，势必不能发挥花坛在园林中"锦上添花"的效果。

总之，在设计花坛时，必须使花坛的色彩醒目、突出，与背景色彩不重复；花坛内植物的高度、体量还应与背景协调。如果棚架前花坛的基座过高，遮挡棚架太多，会致使棚架若隐若现的意境受到影响。又如雕塑花坛，花卉占用面积过大时，与雕塑的体量不协调，使主体趋于从属地位，这种喧宾夺主的设计应当避免。

在设计花坛前，应该对各种环境因素，如气候与小气候、光照条件、土壤类型、排水情况等有所了解。开阔的草坪常常作为规模宏大的盛花花坛、模纹花坛的天然背景，翠绿的底色上装饰着似锦的繁花，形成一派生机勃勃的景象。在西方花园中，绿篱常常作为花坛的背景，给人以庄严、稳重之感；高低错落的树丛以其自然形态多作为自然式花坛的背景，充分展示了自然生态的植物群落之美。

花坛与建筑相结合的形式较为常见，具有坚硬外表的建筑与柔美艳丽的花坛植物相互衬托，刚柔并济。在建筑附近设置花坛时，要考虑与建筑的形式、风格协调统一。在现代化建筑群中，可采用各不相同的几何式轮廓，而在古代建筑附近的花坛，则以自然式为宜。花坛外部轮廓线应与建筑物的外边线或相邻的道路边线取得一致。花坛面积大小的确定，应根据建筑面积和建筑群中广场面积大小同期考虑，如广场中央花坛，一般情况下不应超过广场面积的 1/4~1/3，也不能小于 1/5，这样的大小比例在人们视觉上处于最佳观赏效果。个体花坛不宜大，一般图案式花坛直径的短轴置在主景垂直轴线的两侧，花坛横轴应与建筑物或广场轴线重合。长轴以 8~10m 为宜，大者不超过 15~20m，以免喧宾夺主。

3. 花坛植物材料的选择

一两年生花卉为花坛的主要材料，其种类繁多、色彩丰富、成本较低。球根花卉也是盛花花坛的优良材料，它色彩艳丽，开花整齐，但成本较高。不同类型的花坛其植物材料的选择依据有所不同。

盛花花坛是利用高低不同的花卉植物，配植成立体的花丛，以花卉本身或者群体的色彩为主题，当花卉盛开的时候，有层次有节奏地表现出花卉本身群体的色彩效果。盛花花坛表现的主题是花卉群体的色彩美，要求花期较长、花期一致，至少保持一个季节的观赏期，花色艳丽，生态适应性好。盛花花坛一般都采用观赏价值较高的一两年生花卉，如三色堇、金盏菊、鸡冠花、一串红、半枝莲、雏菊、翠菊等。

应用不同色彩的观叶植物和花叶兼美的花卉植物，互相对比组成各种华丽复杂的图案、纹样、文字、肖像，是模纹花坛所表现的主题。模纹花坛所选用的花卉材料应满足如下要求：①植株低矮；②枝叶细小，株形紧密；③萌发性强，极耐修剪；④观赏期长。一般多选用观叶植物，如五色花、石莲花、景天、四季秋海棠等，有时也选择少量灌木如雀舌黄杨、龟甲冬青、紫叶小檗等。

4. 花坛图案纹样设计

不同类型的花坛，对图案纹样设计的要求不同。通常模纹花坛外形简单但内部纹样丰富，而盛花花坛则主要观赏群体的色彩美，图案应简洁。总体而言，花坛内部图案要清晰，轮廓明显。忌在有限的面积上设计烦琐图案，要求有大色块的效果。花坛组成文字图案在用色上有讲究，通常用浅色如黄色、白色做底色，用深色如红色、粉色做文字，效果较好。

5. 花坛色彩设计

色彩配合是花坛设计的重要环节。鲜艳、协调的色彩组合，能吸引观赏者的视线，成为园林中美的焦点。色彩在整个花坛内的应用应有主次之分，各种色彩占用的面积，不宜过于平均，必须以某一色彩为基础。主色彩面积较大的花坛，作为陪衬的色彩面积宜小。

花坛设计中的色彩运用，也应根据季节的变化而有所侧重，也就是将人们对色彩的感觉加入设计之中。春天开始，寒冬刚过，宜多用些暖色花卉，给人以温暖的感觉，如金黄色的金盏花、深红色的雏菊、大红色的一串红等；而夏季气候炎热，应多采用些冷色花卉，如桔梗、蕾香蓟等。盛花花坛表现的主题是花卉群体的色彩美，其配色方法有以下几种：

（1）对比色应用。这种配色较活泼而明快。深色调的对比较强烈，给人兴奋感；浅色调的对比配合效果较理想，对比不那么强烈，柔和而又鲜明。如堇紫色＋浅黄色（紫色三色堇＋黄色三色堇、蕾香蓟＋黄早菊、荷兰菊＋三色堇），绿色＋红色（扫帚草＋星红鸡冠）等。

（2）暖色调应用。类似色或暖色调搭配，色彩不鲜明时可加白色以调剂。暖色调花卉搭配颜色鲜艳，热烈而庄重，在大型花坛中常用。如红色＋黄色或红色＋白色＋黄色（黄早菊＋白早菊＋一串红或一品红、金盏菊或黄色三色堇＋白雏菊或白色三色堇＋红色美女樱）。

（3）同色调应用。这种配色不常用，适用于小面积花坛及花坛组，起装饰作用，不做主景。一个花坛配色不宜太多，一般花坛两三种颜色，大型花坛四五种颜色足矣。配色多而复杂则难以表现群体的花色效果，显得杂乱无章。

在花坛色彩搭配中要注重颜色对人的视觉及心理的影响。在设计各色彩的花纹宽窄、面积大小时要考虑到，暖色调通常会给人以面积上的扩张感，而冷色调则会产生视觉收缩的效果。例如，为了视觉上的大小相等，冷色调部分设置比例要相对大些。

花卉色彩不同于调色板上的色彩，需要在实践中对花卉的色彩仔细观察才能正确应用。同为红色的花卉，如天竺葵、一串红、一品红等在明度上有差别，分别与黄早菊配用，效果不同。一品红的红色较稳重，一串红较鲜明，而天竺葵较艳丽，后两种花卉直接与黄早菊配合，也有明快的效果，而一品红与黄早菊中加入白色的花卉才会有较好的效果。同样，黄色、紫色、粉色等各色花在不同花卉中明度、饱和度都不相同。

6. 花坛的季相与更换

花坛可以是某一季节观赏的花坛，如春季花坛、夏季花坛等，至少保持在一个季节内有较好的观赏效果。但设计时可同时提出多季观赏的实施方案，可用同一图案更换花材，也可另设方案，一个季节花坛景观结束后立即更换下季材料，完成花坛季节交替。春季花坛花卉主要有矮牵牛、万寿菊、一串红、三色堇、金盏菊、雏菊、虞美人、美女樱等；夏季花坛在初夏所用花卉主要有矮牵牛、一串红、石竹、万寿菊、孔雀草、鸡冠花、彩叶草等，盛夏花卉主要有矮牵牛、百日草、千日红、四季秋海棠、大岩桐、夏堇、凤仙、洋凤仙、彩叶草、一些景天科植物等。

7. 花坛的边缘设计

花坛边缘的设计一般可分为三大类：①以各种低矮花卉组成的植物型的边缘，常用的植物材料有矮翠菊、雏菊、荷兰菊、半枝莲、三色堇、美女樱、天冬草、孔雀草、沿阶草、福禄考、玉簪花等，一般多以宽窄不等的规则式或自然式的花缘、花境或摆设盆花的方式设计；②以建筑材料制成的边缘，如用砖、木竹、水泥等砌成高低不等、造型不同的边缘，既有木板、木筒、砖砌、水泥粉刷等密实的边缘，也有以木栏杆、竹栏杆组成的各种形状虚空的边缘，低的约10cm，高的达50~60cm，尤以原木或竹筒竖向插地做边缘的最为常见；③以自然石块砌边，有用碎石砌成一定造型的边缘，也有用大小不等的自然石块以不同宽度的或自由断续的形式布置于边缘的。

总之，花坛边缘的设置，要便于花坛植物的正常生长，做好蓄水、漏水的防护措施。在边缘的体量（长度、宽度及曲度）、造型及色彩上，要与花坛的主景协调，不要喧宾夺主。在大自然的林下、草坪上的自然式大花坛，如小范围花坛那样的边缘，只要加强养护管理，无边缘也能产生优美的景观。

（四）花坛立面设计

花坛以平面观赏为主，为使花坛主体突出，通常花坛种植床应高出地面7~10cm，最好有 4%~10% 的斜坡以利排水。草花的土层厚度为 20cm，灌木的土层厚度为 40cm。就植物材料高度而言，模纹花坛植物材料通常高度一致或者稍有变化，而盛花花坛则有不同。常规的立面设计是采用内高外低的形式，使花坛形成自然的斜面，便于人们从各个角度观赏花坛整体景观造型。面积较大的花坛和花坛群的中心花坛，在应用株高基本相同的花卉时，可在花坛中心配置较高大的常绿植物及开花灌木，以打破平淡的布局。

二、花境

花境是介于规则式和自然式构图之间的一种长形花带。从平面布置来说，它是规则的；从内部植物栽植来说则是自然的。以多年生的花卉为主进行布置的花境称为花卉花境；以灌木为主布置的花境称为灌木花境。花境的平面轮廓类似带状花坛，长短轴之比可超过 3：1。宽度一般为 2~6m，矮小的草本植物花境宽度可小些。花境的构图是沿着长轴的方向连续演进，是竖向和水平景观的组合。从平面上看是各种花卉的块状混植，立面上看高低错落。在园林中，不仅增加了自然景观，还有分隔空间、组织游览等作用。

（一）花境的分类

按设计形式分类，花境主要有观赏花境、双面观赏花境和应式花境三类；按植物选择分类，花境可分为宿根花卉花境、球根花卉花境、灌木花境、混合花境和专类花卉花境五类。

（二）花境的设计

同花坛设计一样，在进行花境的平面、立面设计前，应对花境所处的立地条件、气候和小气候、土壤条件等各种具体的环境进行分析。

如果设计单面观赏花境，应在后面栽种灌木等较高的花卉，前面配较矮的花草，以便形成立体层次感。为了取得较长期的观赏效果，可用两种花期稍有早迟的植株来配置，如芍药和大丽花、水仙花与福禄者、鸢尾与唐菖蒲等。为了增强趣味性，还可将疏松的满天星和茂密的毛地黄配在一个花丛中。还应注意生长季节的变化、深根系与浅根系的种类搭配，如石蒜与爬景天配合种植效果良好。总之，配置时要考虑花期一致或稍有迟早、开花成丛或疏密相间等，方能显示出季节的特色。花境多设在建筑物的四周、斜坡、台阶的两旁、墙边、路旁等处。在花境的背后，常用粉墙或修剪整齐的深绿色的灌木作为背景来衬托，使二者对比鲜明，如在红色墙前的花境，可选用枝叶优美、花色浅淡的植株来配置；在灰色墙前的花境，则以大红色、橙黄花色相配为宜。花境立地的光照条件直接影响着植物的选择，所以在确定花境位置时，应分析立地中光照强度的变化以及光照条件对植物生长的影响。宽敞而开阔的地区比较适宜喜光性植物的生长，易达到鲜艳的色彩效果；而阴地环境以耐阴植物为主，也能获得非常美丽的效果，若在阴地下选择浅色植物，则有提高空间亮度的作用。另外，还应考虑光照的均一性，确定花境位置时要考虑风的影响，因为草本植物容易遭受风害，所以花境最好避开风带。如果必须种植于暴露的环境中，应适当加建防风绿篱或屏障。土壤也是花境营建中需要着重考虑的一个因素。要根据场地土壤的成分、酸碱度、排水量以及场地中的小气候来选择植物，以免造成生长不良，从而影响景观效果。

（三）花境的植物选择

花境中观赏植物要求造型优美、花色鲜艳、花期较长、管理简单，平时不必经常更换植物，就能长期保持其群体自然景观。在配置上既要注意个体植株的自然美，还要考虑整体美。如设计一个四周都可以观赏的多面花境，中部以较高的花灌木为主，在其周围布置较矮的宿根花卉鸢尾丛，外围配蓝色酢浆草等镶边，形成高、中、低三层。

花境中常用的植物材料有月季、杜鹃、山梅花、蜡梅、麻叶绣球、珍珠梅、夹竹桃、笑靥花、郁李、棣棠花、连翘、迎春花、榆叶梅、波斯菊、金鸡菊、美人蕉、蜀葵、大丽花、黄葵、金鱼草、福禄考、美女樱、蛇目菊、萱草、紫萼、芍药等。

（四）花境的应用

花境可设置在公园、风景区、街心绿地、家庭花园及林荫路旁。作为一种半自然式的种植方式，极适合用在园林中建筑、道路、绿篱等人工构筑物与自然环境之间，起到由人工向自然过渡的作用。还可软化建筑的硬线条，丰富的色彩和季相变化可以活化单调的绿篱、绿墙及大面积草坪景观，起到很好的美化装饰作用。

三、花台

在高于地面的空心台座（一般高 40~100cm）中填土并栽植观赏植物，

称为花台。花台面积较小，适合近距离观赏。花台有独立花台、连续花台、组合花台等类型，以植物的形体、花色、芳香及花台造型等综合美为观赏要素。花台的形状各种各样，多为规则式的几何形体，如正方形、长方形、圆形、多边形，也有自然形体。

中国古典园林中常采用花台，现代公园、广场以及庭院中也常见花台。花台还可与假山、凳凳、墙基相结合，作为大门、窗前、墙基、角隅的装饰，但在花台下面必须设盲沟，以利排水。

花台中的植物材料最好选用花期长、小巧玲珑、花多枝密、易于管理的草本和木本花卉，也可和形态优美的树木配置在一起。常用的有一叶兰、玉簪、芍药、土麦冬、三色堇、孔雀草、菊花、日本五针松、梅、榔榆、小叶榕、杜鹃花、牡丹、山茶、黄杨、竹类、铺地柏、福禄考、金鱼草、石竹等。植床有固定式和可移动式两种，材料可以用石材、砖砌饰面，也可用环氧玻璃钢做成可移动的花台。

（一）规则形花台

规则形花台种植台座的外形轮廓为规则几何形体，如圆柱形、棱柱形以及具有几何线条的物体形状（如瓶状、碗状）等，常用于规则式绿地的小型活动休息广场、建筑物前、建筑墙基、墙面（又称花斗）、围墙墙头等。

用于墙基时的规则形花台多为长条形。

规则形花台可以设计为单个花台，也可以由多个台座组合设计成组合花台。组合花台可以是平面组合（各台座在同一平面上），也可以是立体组合（各台座位于不同高度，高低错落）。立体组合花台设计既要注意局部造型的变化，又要考虑花台整体造型的均衡和稳定。

规则形花台还可与座椅、坐凳、雕塑等景观和设施结合起来设计，创造多功能的景观。规则形花台台座一般用砖砌成一定几何形体，然后用水泥砂浆粉刷，也可用水磨石、马赛克、大理石、花岗岩、贴面砖等进行装饰。还可用块石干砌，显得自然、粗犷或典雅、大方。立体组合花台台座有时须用钢筋混凝土浇筑，以满足特殊造型与结构要求。规则形花台的台座一般比花坛植床造型华丽，以提高观赏效果，但不能喧宾夺主，偏离花卉造景设计的主题。除选用草花外，也较多运用小型花灌木和盆景植物，如月季、牡丹、迎春、日本五针松等。

（二）自然形花台

自然形花台的台座外形轮廓为不规则的自然形状，多由自然山石叠砌而成。我国古典庭院中的花台大多为自然形花台。台座材料有湖石、黄石、宣石、英石等，常与假山、墙脚、自然式水池等相结合，也可单独设置于庭院中。

自然形花台的设计具有灵活自由、高低错落、变化有致的特点，与环境中的自然风景协调统一。花台内种植小巧玲珑、形态别致的草本或木本植物，如沿阶草、石蒜、萱草、松、竹、梅、牡丹、芍药、南天竹、月季、玫瑰、丁香、菊花等，还可适当点缀一些山石，如石笋石、斧劈石、钟乳石等，创造具有诗情画意的园林景观。

四、花池与花丛

（一）花池

花池是以山石、砖、瓦、原木或其他材料直接在地面上围成具有一定外形轮廓的种植地块，主要布置园林草花的造景类型。花池与花台、花坛、花境相比，特点是植床略低于周围地面或与周围地面相平。

花池一般面积不大，多用于建筑物前、道路边、草坪上等。花池内花卉布置灵活，设计形式有规则式和自然式。规则式多为几何形状，如正方形、长方形和圆形等，构图简洁，多种植低矮的草花。自然式以流畅的曲线组成抽象的图形。花池有围边时，植床略低于周围地面；无围边时，植床中部与周围地面相平，植床边缘略低于地面。

花池植物的选择除草花及观叶草本植物外，自然式花池中也可点缀传统观赏花木和湖石等景石小品。常用的植物材料有南天竹、沿阶草、土麦冬、芍药等。

（二）花丛

花丛是指园林绿地中花卉的自然式种植形式，是园林绿地中花卉种植的最小单元或组合。每丛花卉由三株至十几株组成，按自然式分布组合。每丛花卉可以是一个品种，也可以为不同品种的混交。花丛可以布置在一切自然式园林绿地或混合式园林中的适宜地点，起点缀和装饰作用。

花丛一般种植在自由式园林中，管理相对粗放，因此常选用多年生花卉或能自播的花卉。花丛常用的花卉种类有雏菊、金鱼草、紫罗兰、茼蒿菊、三色堇、金盏菊、石竹、须苞石竹、福禄考、矮雪轮、滨菊、翠菊、桂竹香、蜀葵、美女樱、矢车菊、大丽花、小丽花、美人蕉、一串白、鸡冠花、葱兰、麦秆菊、孔雀草、雁来红、一串红等。

花丛是直接布置于绿地中的、植床无围边材料的小规模花卉群体景观，更接近花卉的自然生长状态。

花丛景观色彩鲜艳、形态多变，可布置于树下、林缘、路边、河边、湖畔、草坪四周、疏林草地、岩石边等处。宜选择一种或几种多年生花卉，单种或混交，忌种类多而杂，可选用野生花卉和自播繁衍能力强的一两年生花卉，如紫茉莉。如果花丛面积较大，也可称为花群，具有强烈的色块效果，形状自由多变，布置灵活，与花坛、花台相比，更易与环境取得协调，常用于林缘、山坡、草坪等处。

五、花卉立体装饰

花卉立体装饰是相对于一般平面花卉装饰而言的一种园林装饰手法，即通过适当的载体（各种形式的容器及组合架），结合园林色彩美学及装饰绿化原理，经过合理的植物配置，将植物的装饰功能从平面延伸到空间，形成立面或三维立体的装饰效果，是一种集园林、工程、环境艺术等学科为一体的绿化手法。

（一）花卉立体装饰的主要特点

花卉立体装饰充分利用了各种空间，应用范围广。在同等地平面上，立体装饰要比平面绿化的绿化量大，不仅充分强化了绿化效果，而且还能在平面绿化无法进行或难以达到满意效果的地方（如阳台、窗台、门庭、楼梯等处）大显身手。花卉立体装饰多以各种个性形式的载体构成基本骨架，然后配以各种花材来完成特定的景观塑造，在追求个性造景的今天，备受园艺设计师的青睐。

花卉立体装饰符合现代化城市发展的需求和效率。它摆脱了土地的局限性，可移动，能快速组装成型，短时间内就能形成较好的景观效果；花卉立体装饰能塑造人性化的生活空间，充分绿化、美化高大的建筑物或桥梁的立面，削弱建筑物给人们带来的压迫感和空间上的单调感，有效柔化、绿化建筑物。另外，大部分立体装饰产品都配有成套的滴灌系统，大大降低了日常维护强度，使得日常维护简化。

（二）花卉立体装饰的主要形式及植物种类

花卉立体装饰常见的形式有花柱、花塔、花墙、花球、花喷泉、花钵、植物墙、吊篮、壁挂篮、花槽、草坪格等 10 多种花卉立体装饰方式。

立体装饰的花材主要是垂吊蔓生植物和直立式植物。垂吊蔓生植物主要有盾叶天竺葵、垂吊矮牵牛、龙翅海棠、凤仙花、倒挂金钟、仙人指、豆瓣绿、鸭跖草、虎耳草、紫绒三七草等，此类植物最适合配置在组合花塔、大型花钵、吊篮、花槽的边缘，能有效遮挡容器，充分展示出植物材料的美化效果。直立式植物主要有长寿花、新几内亚凤仙、牵牛花、彩叶草、三色堇、万寿菊、皇帝菊、北京菊、孔雀草等，这类植物可以用于花柱、大型花钵、花槽、吊篮、壁挂篮及各种造景上的配置，是栽植组合的中心主题和色彩焦点。

花卉立体装饰在欧洲运用较早，如吊篮在英国已有 100 多年的历史，而阳台、窗台及栏杆上种植的槽式立体装饰很早就成为美化、绿化的重要手段。目前，花卉立体装饰在欧美一些园艺水平较为发达的国家运用已非常普遍，尤其在西欧，无论是喧嚣的都市，还是宁静的乡间小镇，总会看到墙面、阳台、窗台、路灯杆、街头护栏等处的吊篮、花槽、花球、花塔等，其样式繁多、色彩斑斓，可谓一应俱全。

（三）花卉立体装饰在我国的发展

现代花卉立体装饰在我国起步较晚，但是，如今也有一些专业公司在这方面做出了有益探索和试验。目前，花柱、花塔、花墙、花球、花喷泉、花钵、植物墙、吊篮、壁挂篮、花槽、草坪格等 10 多种花卉立体装饰都已经开始崭露头角，北京、上海、广州、天津、重庆、南昌等 40 多个城市成为花卉立体装饰发展的先锋。随着人们对花卉立体装饰的进一步研究，其发展空间呈现出从大城市向中小城市拓展的趋势。

第四节 水生植物的景观设计

水生植物是指生长于水中的植物，或者是生长于土壤中的植物，且土壤中的水分呈饱和状态而形成缺氧的环境，换言之，是指生长于湿地的植物。而湿地是指不问其为自然或人工，长久或暂时之沼泽地、湿原、泥炭地或冰域地带，带有静止的或流动的或为淡水、微咸水或水的水体者，包括低时水深不超过 6m 的浅海区域。

一、常见的园林水生植物

能用在园林景观中为之造景用的水生植物有许多，下面主要介绍一些最为典型的园林水生植物。

（一）沉水植物

沉水植物是指根与茎部都沉没于水中，叶子部分冒出水面，部分没于水中的植物。典型的沉水植物有黄藻、金鱼藻、田字草、丝叶狸藻、空心菜、水芙蓉、槐叶萍、满江红、青萍等。

（二）挺水植物

挺水植物是指在水中能挺立而生的植物，其主要茎叶挺立水中并露出水面较高，典型的挺水植物有茨菰、香蒲、蒲草、鸭舌草等。

（三）浮水植物

浮水植物整个植株漂浮在水面上，水的深浅不影响它的正常生长发育。在园林水景中常见的浮水植物有睡莲及其系列品种，如王莲、芡实、萍蓬草、菱、莼菜、凤眼莲、金银莲花、花菜、两栖蓼等。

（四）漂浮植物

漂浮植物又称完全漂浮植物，是根不生长在底泥中，整个植物体漂浮在水面上的一类浮水植物。这类植物的根通常不发达，体内具有发达的通气组织，或具有膨大的叶柄（气囊），以保证与大气进行气体交换，如槐叶萍、浮萍、大藻、凤眼莲等。漂浮型水生植物种类较少，这类植株的根不生长于泥中，株体漂浮于水面之上，随水流、风浪四处漂泊，多数以观叶为主，为池水提供装饰和绿荫。因为漂浮植物既能吸收水里的矿物质，同时又能遮蔽射入水中的阳光，所以能够抑制水体中藻类的生长。漂浮植物的生长速度很快，能更快地为水面提供遮盖装饰，但有些品种生长、繁衍得特别迅速，可能覆盖整个水面，成为水中一害，所以需要定期用网捞出部分。

二、不同区域水体植物的景观设计手法

（一）水边植物景观设计

水边植物配置切忌等距种植及整形式修剪，以免失去画意。栽植片林时，留出透景线，利用树干、树冠框以对岸景点。水边植物配置之所以需要有疏有密，是为了在景观之处留出透景线。配置植物时，可选用高大乔木，用树

冠来形成透景面。环城绿带中水边植物也可尝试种植高大乔木,打破单调的草坪铺设,丰富林冠线,形成各种夹景、框景、透景,美化园林景观。

园林中自古水边主张植以垂柳,形成柔条拂水的美景,同时在水边种植落羽杉、池杉、水杉及具有下垂气根的小叶榕等,起到线条构图的作用。古典园林中利用探向水面的枝干,尤其是似倒未倒的水边大乔木,起到增加水面层次和野趣的作用。

水边植物的配置还要注意季相色彩。园林植物会因春夏秋冬四季的气候变化而有不同形态与色彩的变化,水边植物映于水中可产生十分丰富的季相水景。

(二)水面植物景观设计

水面植物配置首先应考虑水体的景观效果和周围的环境特征。如果要选择植物配置,应考虑水面的镜面作用。水面植物不能过于拥挤,一般不要超过水面的三分之一,以免影响倒影效果和水体本身的美学效果。选用的植物应严格控制其蔓延,既可设置隔离绿带,也可缸栽后放入水中。对视觉作用不大的水面,可以加大植物的配置密度,以形成绿色景观。园林景观中的水景设计,不但能增加景致,使景色生动活泼,而且还具有灌溉、消防、增湿等实用价值,在景观的营建上不可或缺。

(三)驳岸处理

驳岸分为土岸、石岸、混凝土岸等,其植物配置原则是既能使山和水融为一体,又对水面的空间景观起主导作用。土岸边的植物配置应结合地形、道路、岸线布局,有近有远、有疏有密、有断有续,曲曲弯弯,自然有趣。石岸线条生硬、枯燥,所以驳岸植物配置原则是露美、遮丑,使之柔软多变,一般岸边配置垂柳和迎春,让细长柔和的枝条下垂至水面,遮挡石岸,同时配以花灌木和藤本植物，如用变色鸢尾、黄菖蒲、燕子花、地锦等来局部遮挡，增加活泼气氛。

三、水景植物配置设计

（一）水景植物的配置方式

根据水景的具体位置及应用形式，水景植物的配置一般也可分为自然式配置和规则式配置两大类。

1. 自然式配置

自然式水景植物的配置多与自然式水景搭配，体现着一种自然、随意的情趣，这种方式没有线、形、组织构图上的严格要求，旨在模拟自然、再现自然的风韵。在植物选择上，有很大的自由度，尤其在私人庭院中，更是体现业主个性化的一个有效途径。

自然式水景植物的配置，没有固定的规律可以遵循，但并不能说它是一项简单的工作。在某种程度上，自然式水景植物的配置要比规则式更有难度，这是因为自然式水景更注重植物与环境整体的展示效果，所以设计者不仅要掌握植物材料的生长特点，而且在主题的烘托、环境色彩的搭配、植物质感的对比、景观空间层次构成上的把握都要有较高的水准，才能营造出一个成功的水景植物景观。

2. 规则式配置

规则式水景植物的配置一般用于规则式水池中，植物的主要群落在水面上有规则的平衡及构图感。进行植物配置要用线形或几何的种植形式与水池的形状搭配。虽然很少有植物在外形或生活习性上可以达到很规则的要求，但通过仔细挑选、结合修剪控制，应该可以达到想要的效果。

当规则式水池与地面在同一平面时，水景的层次与结构也是相当重要的。要想在一个水池中营建立面与焦点的景观，可以从不同的挺水型植物中选择，如普通芦苇。另外，质感粗糙的植物也可以形成焦点或者作为形成层次感的主要种类。在规则式配置中，有时需要顺序种植，应尽量选择生长期、生长要求一致的植物种类，将它们种植在统一规格的容器中。

（二）水景植物的色彩主题

水景可以通过植物某种特定的色彩或色彩组合形成一定的表现主题和旋律感，也可以用来表达热烈、宁静、开朗、内敛的状态。

一般情况下，在水体中进行色彩组合时，水景植物种类宜少，但搭配可以有多种方案。例如，在一个简单的正方形或长方形水池中，在每一个边角布置植物，可以选择直立型叶簇的绿叶植物，与有着卵圆形或铲形叶片、粉白色圆锥花序的植物（如水生车前草）搭配，就会产生一种很好的装饰效果。如果水面较开阔，可选择白色的睡莲，也可以适当加入一些欧菱，但这种漂浮植物会移动，可能会破坏整体的对称性。如果认为粉色与白色的主题还缺少吸引力，可以考虑用黄色与白色的配置，如在盆中栽植开花早、花色鲜黄的长柱驴蹄草和低矮的、夏季开花的芫荽类植物，或者也可以用种植篮的锦花沟酸浆代替，在中心区域可以选用亮黄色或者雪白美丽的睡莲品种。另外，植物的配置也要考虑周围建筑物的色彩与风格，应互为衬托，而不能产生一种过于杂乱的视觉效果和色彩搭配。

四、水景植物的选择原则

水景植物的种类极其多，但无论私人庭院还是公共空间中的水景，选择植物都应遵循一定的美学、生态学及经济学原则。

（一）选择易于管理的植物品种

水景植物是否适合某个特定的水体，不仅仅在于它是否好栽植、成活率是否高，更在于它对于后期的管理要求的高低以及是否较好地符合设计意图。

水景中植物管理的难易程度，主要与所选的植物种类有关，选择不会蔓生或不会自动播种的植物品种，会使水景池的养护力度大大降低。最易于管理的植物种类是那些能维持一定生长秩序和状态的植物，像沼泽金盏草、垂尾苔草和很多适度生长的莺尾类。

在选择植物时，还要考虑水体所在的环境特点，以此选择适宜的品种。如在通风地带，要仔细衡量植物的抗强风能力，避免种植一些容易倒伏的植物品种。低矮且粗壮的植物抗风能力强，但在某些情况下，会使整个水池在立面的景观效果上不太符合美学要求。

（二）选择不同开花季节的植物

很多水景植物都是开花植物，给水景带来不同的色彩景观。在选择植物时，应考虑色彩在时间上的延续性和变化性，可以通过选择在不同季节开花的植物搭配来维持水景在色彩上的动人效果。例如，早春时，水池里金盏草属的植物最先开花，最常见的为长柱驴蹄草及其变种，随后湿地中的樱草类植物就会绽放出亮丽的各色花朵，在它们之后，浅水中莺尾类植物开始绽放，随后，睡莲便会成为水体中的焦点，并能维持到夏季末，秋天时分，芦苇及灯芯草类会开出灰褐色的花冠，其间芫荽、海寿和花蔺类植物会给景观增添别样的亮色，一些秋季叶色变化的观叶植物最终将水景带入深秋，在冬季，水景虽是一片死寂的景象，但一些植物残留的干花（如水车前等），仍然会产生一点情趣，这些干花非常吸引人，尤其在下雪后更富有情趣。常用水生植物列举如下：

菖蒲—天南星科—菖蒲属：多年生草本植物，株高 50~80cm，叶基生，剑状条形，无柄，绿色。稍耐寒，华东地区可露地越冬。可栽于浅水中，或做湿地植物，是水景园中主要的观叶植物。

海寿—雨久花科—梭鱼草属：宿根草木，直立性水生植物，株高 50~60cm。叶具长柄，枪矛状，三角形至卵形，基部心形。5—10 月开花，穗状花序，花茎顶端生长着上百朵紫色小花，甚为优美。适于水池、湿地及河塘美化。特点是花呈紫色、花期长、叶形大而美观，是水景园中不可多得的观赏水生花卉。

旱伞草—莎草科—莎草属：多年生草本植物，株高 80~120cm，根状茎粗壮。茎丛生，无分枝，叶聚生于茎顶，扩散成伞状，喜水湿环境，适合种在溪流湿地上。独特的伞状叶形为水景园带来特别的意境。

水生美人蕉—美人蕉科—美人蕉属：南美洲引进品种，株高 1~2m，原生长于天然池塘湿地中，叶片大，阔椭圆形，叶色为黄绿相间的花叶及紫色叶，是多年生大型的水生花卉，花期在 6—10 月。

水葱—莎草科—蔗草属：多年生水生草本，株高 150cm，秆高大，圆柱状。耐寒、喜光，栽于浅水中，具有净化水质功能。

欧洲芦荻—禾本科—芦竹属：秆质纤细有光泽，叶黄绿相间，园林水景区的绿化布置材料。

黄花莺尾—莺尾科—莺尾属：多年生草本植物，株高 100~120cm，叶剑状、直立、墨绿，花黄色，花期在 5—6 月，喜生于浅水中。特点是花美，剑状叶更美，是水生花卉中的娇子。

花叶香蒲—香蒲科—香蒲属：多年生挺水草本植物，株高 80~120cm，叶剑状、直立、墨绿，花黄色，花期在 5—6 月，喜生于浅水中。特点是花和叶子形状娇美，是水生花卉中的翘楚。

萍蓬草—睡莲科—萍蓬草属：浮叶性水生植物，叶长椭圆形或阔卵形，基部呈箭状心形。夏至秋季开花，花单生，花梗粗长，挺出水面，花色金黄醒目，适于大型水盆或水池栽培。

千屈菜—千屈菜科—千屈菜属：多年生草本植物，株高100cm左右，茎通常具4棱，多分枝。无柄穗状花序顶生，小花多数密集，紫红色，花期在5—9月。喜光，浅水中生长适宜。特点是成片栽于池边，夏秋季成片紫红色花序，深秋时叶色转红，霜重色浓。

睡莲—睡莲科—睡莲属：多年生浮叶型水生草本植物，品种繁多，花色各异，是水景园中必备浮叶性水生植物。

荷花—睡莲科—莲属：品种繁多，花色各异，单瓣优雅，复瓣华贵，水景园内必备种类。

币草—伞形科—天胡荽属：伞形科，系小型水生地被植物，地下横走茎发达。叶具柄，圆伞形，状如铜钱，叶面油绿富光泽。叶色翠绿，叶形玲珑优雅，适于水池、湿地栽培。

再力花—竹芋科—塔利亚属：大型直立性水生植物，株高1~2m，地下根茎发达，根出叶。叶呈卵形，先端突出。叶柄极长，夏至秋季开花，小花紫色，苞片状形飞鸟，甚优美。适于水池湿地种植美化，为珍贵水生花卉。原产北美洲、墨西哥。

红莲子草—苋科—莲子草属：全草红色，用于水景园做镶边材料和水景中前景的配置。茎、叶在阳光照耀下，景色迷人，观赏效果更佳，是良好的水生地被植物。

泽泻—泽泻科—泽泻属：叶椭圆形，花序白色。湿地种植，别具野趣。

香菇草—伞形科—天胡荽属：呈叶钱形，生长茂盛，郁郁葱葱，是良好的水生地被植物。

条穗苔草—莎草科—苔草属：草叶狭长形，最显著特点是四季常绿，是不可多得的常绿水生地被植物。

红蓼—蓼科—蓼属：红蓼花穗大，每逢开花的季节，粉红色的花序十分惹人喜爱。

芡实—睡莲科—芡属：芡实叶大肥厚，浓绿皱褶，花色明丽，形状奇特。孤植形似王莲。也可与荷花、睡莲等水生花卉搭配种植，形成独具一格的观赏效果。

灯芯草—灯芯草科—灯芯草属：用于水体与陆地接壤处的绿化。

水芋—天南星科—水芋属：呈叶心形，秆紫色，用于园林水景的浅水及湿地绿化中。

第六章 地下空间综合体环境设计与美学表现

第一节 地下综合体的环境艺术设计要点

城市地下综合体的产生是随着地下街和地下交通枢纽的建设而逐步发展的，其初期阶段是以独立功能的地下空间公共建筑而出现的。伴随着社会的高度发展，城市繁华地带拥挤、紧张的局面带来的矛盾日益突出。高层建筑密集、地面空间环境的恶化促进了城市，尤其是城市中心区的立体化再开发活动，原本在地面的一部分交通功能、市政公用设施、商业建筑功能，随着城市的立体化开发被置于城市地下空间中，使得多种类型和多种功能的地下建筑物和构筑物连接到一起，形成功能互补、空间互通的综合地下空间，称为地下城市综合体。

城市地上地下一体化整合建设的综合体作为新兴的城市建筑空间，其环境艺术的设计需要综合考虑外部空间和内部空间的人性化设计，既要体现生态景观的功能，又要发挥义化展示的功能。

地下综合体需要通过采光、通风、温控设施等来调节室内环境，这些设施通常需要有设备空间且需要布置于地面上，包括人行道、绿地、广场等，有时则结合建筑布局。外露地面设施不可避免地会对城市视觉景观产生破坏，设备产生的废气、噪声和热量等也会给人们带来心理和生理上的厌恶情绪，如果布置在人流比较集中的公共区域，还会对城市活动与地面交通造成负面的影响。在设计中，通过整合地下综合体的外露地面设施和城市环境，将地下综合体内部的设施与周边环境共同整合设计，可以很大程度上降低其对公共空间景观风貌的影响，甚至可以形成独具特色的地标景观。

一、设计原则

对地下综合体进行人文环境艺术设计，即是将人文环境艺术的设计理念应用到城市综合体的设计中，提升地下综合体的环境价值和艺术价值。这样的设计不仅能给人们带来快捷和便利，也将带来健康和舒适。

为了满足地下综合体人文环境艺术设计的功能需求和价值追求，在创作时必须遵循几条基本原则。

（一）整体性

在地下综合体环境艺术设计中，除了具体的实体元素外，还涉及大量的意识、思想等理念，可以说地下综合体人文环境艺术设计是物质和精神的大融合，必须从整体上进行考虑，要注重周边环境的营造，将地下综合体融入周边环境，体现人文环境艺术设计的整体规划思想。在人文环境艺术设计中，要充分运用自然因素和人工因素，让其有机融合。整体和谐的原则就是要强调局部构成整体，不做局部和局部的简单叠加，而是要在统筹局部的基础上提炼出一个总体和谐的设计理念。从更高层面上讲，环境艺术设计中的整体规划原则，要体现人和环境的相互融合与共生，使二者相得益彰。

（二）生态美学

地下综合体环境艺术的设计应在景观美学的基础上，更加注重生态效益，即给予生态美学更多的关注。在进行地下综合环境艺术的设计时，应遵从生态美学的两大原则，即最大绿色原则和健康可持续原则，使设计体现出地下综合体景观的自然性、独特性、愉悦性和可观赏性。

（三）人性化

对地下综合体的环境进行艺术设计时，应认识到人与环境之间的相互关系。环境是相对人类而言的，人类在从事各类活动时，在被动适应环境的同时会下意识地改造环境，为我所用。所以环境的设计要强化和突出人的主体地位，要能够满足人的初级层面需求，将"以人为本"的概念融入对地下综合体环境艺术的设计中去。在设计中做到关心人、尊重人，创造出不同性质、不同功能、各具特色的生态景观，以适应不同年龄、不同阶层、不同职业的使用者的多样化需求。

（四）与时俱进

地下综合体环境艺术的设计脱离不了本土化和民族化，故而必须对传统设计有所继承和发扬。尤其对有着几千年文化底蕴的中国而言，如何把中国传统设计中好的元素加以传承，已成为中国环境设计师的必修课程。如一方面传承中国传统设计中所追求的雅致、情趣等意境，利用自然景物来表现人的情操；另一方面环境设计又必须适应时代的发展和需求，在传承的基础上，集合时代的特征，有所创新和突破，赋予设计新的内涵，而不是一味地复古。

（五）科学发展模式

在今天人类大肆破坏环境的背景下，科学发展越来越得到人类的高度重视。从本源上讲，我们开发和利用自然是为了更好地改善自己的生存、生活环境，但过度的开发和无节制的滥采，不仅仅造成了自然资源的损减，更使环境遭到严重破坏。科学发展的原则，是要求环境艺术设计必须真正落实到

"绿色设计"和"可持续发展"上。设计过程中，设计师一定要有"环境为现代人使用，更要留给子孙后代"的意识。从具体的地域环境设计或室内环境设计来看，除了低碳环保元素的要求，还要注重材料本身的健康和使用寿命，要体现环境设计的前瞻性和可预见性，不能因为一时的美观和实用，有损长久的生存和发展。

二、设计策略

城市地下综合体与城市空间相互渗透、融合，吸纳了更丰富的城市功能，其所具有的开放和公共属性越来越显著。另外，城市地下综合体的建设也带来了城市基面的立体化发展，创造了丰富的城市空间形态，为活动人群提供了体验空间环境的多层次视角，在体现城市环境特色方面表现出了巨大的潜力和优势。因此，城市地下综合体的空间环境已经突破了单纯的室内环境的范畴，而成为城市环境体系中的组成部分。强化地下空间环境的特色化和场所感是提高地下空间环境品质的有效途径，也是实现与城市整体环境互动发展的载体。强化地下城市综合体环境艺术的策略主要体现在下面三个方面：

（一）延续地面城市意象

凯文·林奇提出了城市构成要素：路径、标志、节点、地区和边界。地下空间则可以与城市空间以相似的方式来分析，通过模拟各种城市公共空间的情景，来获得地面公共活动的重现和实现城市意象的延续。

1. 路径

路径指模仿地面行进中两侧景观的变化，在地下空间中产生观察活动。地下综合体中的商业街、走廊、通道和垂直交通等类似于城市的公共通道，它们对于形成连贯、整体的空间意象具有重要意义。对于路径的布局有两种形式：一是在驻足停留空间的两旁或单侧布局，使活动空间具有较强的私密性;二是路径穿越不同的活动区域布局,有利于营造开放、热闹的空间氛围。

2. 标识

标识起到空间标识和流线转换作用。在城市中,一个非常简单的物体,如一座房子、一家商店或一座山都是构成城市的标记。而在地下综合体中,路标则可以是一个特别的商店、雕塑、一种装饰要素或一个中庭这样的空间。

3. 节点

节点形成活动流线中重要的空间高潮。在地下空间中,中庭、广场或重要的流线交叉点即为节点。规模较小的地下综合体,可以围绕最重要的节点空间形成核心式布局;规模较大的地下综合体中,则可以采取以核心公共节点搭配数个次要公共节点的核心节点组合布局模式。

4. 区域

区域形成地下公共空间的延伸。具有明确的功能或设计特色的区域均可以看作区域,有时也可将综合体中的一层看成是一个独立的区域。区域的延伸作用体现在两个方面:一是将其设置于地下空间的端点,使路径得到延伸;二是某一区域延伸至周边区域,形成空间的渗透、穿插。

5. 边界

边界形成对地下公共空间的认知,同时划分各功能空间。在地上与地下的衔接处,边界形成两种空间在高差和景观环境上的过渡,在地下综合体内部,边界作为不同功能区域的交会处,须化解空间形式的变化和空间意象的转换等方面的矛盾,使整体空间环境连贯和谐。

当然,地下综合体的各意象要素不是孤立存在的,在地下空间中活动也不应该是穿越一系列封闭而单调的功能空间,而是从空间场景的连接和转换中获得连贯的意象感知。正是各意象要素之间相互结合、共同作用,才丰富和深化了地下城市综合体的空间形象,加强了整体的特性,从而形成一个可识别的地下空间环境,在人们心理上创造出难忘的总体印象,在脑海中构建整个地下城市综合体的"认知地图"。

（二）体现公共空间属性，强化整体认知意象

在地下综合体的空间设计中，不但要重视地下空间开发利用的功能形态，更要重视人居环境品质和人们对地下公共空间的认知感受，综合考虑人的心理和生理需求进行人性化设计，达到提高内在空间品质的目的，从而将更多城市功能及"人"的公共活动引入地下，改变以往人们对于地下空间封闭、方向感差和形式单调等负面印象。

地下综合体中承载公共活动的空间主要包括不同形式、不同性质的地下广场、地下中庭、地下商业街、下沉广场、主入口等。这些空间不仅是地下综合体整合城市要素的媒介，在物质层面上完善了地下综合体的内部功能，更是强化地下综合体与整体环境特色的空间纽带，在精神层面上构建起地下公共空间的场所特质。因而，根据地下公共空间的不同功能和属性，突显其认知意象是地下综合体设计中彰显城市环境特色和场所感的关键。

1. 强化出入口空间的可识别性

一方面可以凸显出入口形态的标志性，通过醒目的建构筑物和独特的环境设计，达到吸引行人注意力、增强识别性的目的；另一方面也可以在出入口空间设计中引入具有地域特色、时尚文化和人文精神的环境元素，创造出入口空间的主题特色，使人形成关联性和象征性的认知感受。当然，上述设计手法都应建立在与城市整体环境协调统一的基础上，在协调的大原则下创造出亮点，是出入口空间设计的关键。

2. 丰富空间环境的趣味性

和地面商业街类似，地下商业街也承担着联系各功能单元的交通空间和商业空间的双重职能，为了缓解地下空间对人们的负面心理影响，地下商业街设计对空间形态的多样化和街道空间的趣味性往往有更高的要求。可以通过街道剖面的形式和高宽比的变化来塑造多样的空间感受，形成富有动感、收放有序的空间序列。要注重对线性空间段落的划分，高差的变

化、趣味小品的加入、地面铺装的转换及休息座椅的设置等，都可以做出对空间的暗示，营造多样化的内部空间形态，给步行者提供丰富的空间感受。

3. 注重生态景观的引入

长期以来，地下空间的开发都是单纯地强调功能性，忽视了对地下空间生态景观的追求，使得地下空间给人以封闭感，影响了地下空间中人的体验。未来的地下空间开发应充分重视生态景观功能的发挥，以优美的生态景观吸引人的视线，改变地下空间给人的封闭感，从环境心理学的角度改善空间体验。这种开发的理想层次与未来建设生态型山水城市与节能型城市的发展趋势相一致。处于地下综合体内的人们所看到的不应该只是各种僵硬的人造建筑材料和眼花缭乱的商品，而应该引入自然的生态景观作为视觉焦点。在地下空间加强自然要素的运用，如引入自然采光、设置绿化景观等，不仅可以辅助地下空间节约能耗，而且有助于加强感观上的舒适度。中庭或公共空间中的绿色植物，往往能使本来狭小的空间具有一定的趣味性，不同排列形式的植物还能划分空间，丰富空间层次。

4. 延续城市人文历史特色

城市中心区的地下综合体的建造，不仅具有改善城市中心区的环境，提高综合效益的功能，还承载着提升城市文化形象的任务。因此，不仅需要在一定程度上创造良好的内部环境，使人们在地下综合体中进行各种活动时感到安全、卫生、方便与舒适，同时还应使人们感受到当地的人文特色，感受到时代与传统的气息。

地下综合体内各种功能设施单独来看都具有不同的文化意象，简单的组合可能会给人无主题的感觉，无法形成地下综合体自身的个性。城市中的地下综合体不应该是千篇一律没有个性的，每个地下综合体都应该形成自身独特的形象和品格，以增强其可识别性。这需要在解决交通矛盾和商业效益的同时，主动创造以人为本、可持续发展的地下综合体空间环境，通过灯光、壁画、大量富有人情味的景观、体现当地人文历史特色的小品设计来进一步改善城市中心区地下综合体的环境，塑造城市中心区的个性，提升地下综合体的品位。

5.塑造节点空间的主题意蕴

随着人们参与地下空间的活动越来越频繁，在其环境塑造中，应更加注重人文关怀，引入城市文化和记忆。尤其是地下综合体的节点空间，通常是作为路径的交汇点或者使用者观赏休憩的场所，应通过营造充满文化气息的节点环境、塑造令人印象深刻的主题艺术品，在空间组织开合有度、收放自如的序列结构中，通过中心开放空间节点来引导视线的方向性，强化空间的主题意境。

（三）增强文化认同感，塑造场所精神

城市活动、城市文化是城市生活的重要组成部分，也是城市公共空间的另一重要魅力所在。它能够给予使用者有趣的城市体验，自然而然地产生共鸣，强化对地下城市综合体文化上的认同感。因此，通过引入城市活动、植入城市文化，将城市社会生活融入地下城市综合体中，已成为塑造城市地下综合体场所精神较为常用的设计方式。

舒尔茨认为："场所是由特定的地点、特定的建筑与特定的人群相互积极作用，并以有意义的方式联系在一起的整体。"也就是说，场所不仅是单纯的物质空间，还承载了人们对空间的历史、情感、意义的认知，场所精神是在特定空间中，人在参与的过程中获得的一种有意义的空间感受，它的获得要求建立在满足基本功能的基础上，能反映出场所环境的特征，并创造出容纳人们活动的、具有强烈的人文气息的建筑空间。因此，要使地下综合体的场所精神得以树立，首先要结合人们在综合体中的活动路径、模式，营造开放的休憩、逗留场所，使人在舒适的空间使用过程中产生对地下公共空间

的认同和归属感。进而，在公共空间的设计中通过延续城市传统风貌、引入特殊文化元素、再现城市事件等建筑景观设计方法，使地下空间拥有和地面一样的传统城市活动，让人们在认知意象中形成地上地下活动的关联。同时，在城市活动中获得有趣的感知体验，也能改变人们对于地下空间单调无味、地下空间与城市关系薄弱的固有不良印象。

城市地下综合体的场所精神随着时代的演进在不断发展变化，在城市地下综合体设计中应该具有一个可持续的全面的场所文化观，包含对过去的关怀、对当下的包容以及对未来的展望，反映出场所空间对不断发展变化的生活形态的适应，促成城市场所精神的"现代性"转变。

第二节　下沉广场的环境艺术设计

我们把广场的地坪标高低于地面标高的广场称为下沉广场。在现代城市中，下沉广场在解决地上地下空间的过渡问题、交通矛盾及不同交通形式的转换上有着明显的优势，因此被广泛应用。

一、景观特性

（一）步行性

步行是一种市民普遍的行为方式，也是一种当今社会被人们公认的健康的锻炼方式。可步行性是城市广场的主要特征，它是体现城市广场的共享性和形成良好环境的必要前提，它为人们在广场上休闲娱乐提供了舒缓节奏。由于下沉广场地面高差的变化，人们常选择步行的方式进入广场内部，也往往通过步行在广场中休闲娱乐。因此在对下沉广场进行景观设计时要考虑为人们提供在下沉广场中步行的适宜的环境和空间尺度。

（二）休闲性

下沉广场休闲性的一个重要根源来自它独立的形态。由于其竖向发展，下沉广场阴角型的城市外部空间形成一种亲切的、令人心理安定的场所。事实上，下沉广场空间跌落下沉的重要界定方式在相当大的程度上隔绝了外部视觉干扰和噪声污染，在喧嚣的都市环境中开辟出一处相对宁静、洁净的天地。扬·盖尔在《交往与空间》一书中提到："只要改善公共空间中必要性活动和自发性活动的条件，就会间接地促成社会性活动。"因此，下沉广场为城市健康的社会性活动提供了场所，强化了城市的休闲气氛。

二、设计原则

（一）整体性

下沉广场作为开放空间，在城市中不是孤立存在的，它应该和城市的其他空间形成完整的体系，共同达到城市的空间系统目标和生态环境目标，即居民户外活动均好、历史景观的保护等。把握下沉广场整体设计的原则对城市景观的意义重大。换句话说，就是从城市的整体出发，以城市的空间目标和生态目标为依据，研究商业区、居住区、娱乐区、行政区、风景区的分布和联系，考虑下沉广场应建设在什么位置、建设成多大规模，采取适宜的设计方法，从宏观上发挥下沉广场改善居民生活环境、塑造城市形象、优化城市空间的作用。城市下沉广场景观设计时对整体性的把握应注意以下几点：

1. 与周围建筑环境的协调

下沉广场多由建筑的底层立面围合而成，围合的建筑是形成下沉广场环境的重要因素。下沉广场内的整体风格要与周围的建筑风格相一致。在设计中，无论是大的基面、边沿还是具体的植物、设施，都应该注意在尺度、质感、历史文脉等方面与广场外围的整体建筑环境风格协调一致。

2. 与整体环境在空间比例上的协调

作为城市内的开放空间，下沉广场的空间比例也要与周边环境协调一致。如果局部区域的整体空间比例较开敞，而下沉广场下沉的深度过深，就会形成"井"的感觉，影响整体城市的协调。

下沉广场空间比例上的整体性还体现在广场的内部，要注意广场中的台阶、踏步、栏杆、座椅等各种设施的尺度与广场的整体空间尺度相协调，既不能小空间放大设施，也不能大空间小设施，以免造成空间的紧张压抑或空旷单调的感觉。

3. 考虑广场交通组织

设计中要注重广场内的交通与场外的城市交通合理顺畅地衔接，提高下沉广场的可达性。下沉广场的选址及其出入口的设置都是下沉广场内部交通与场外交通整体性把握的关键。对于交通功能型下沉广场，对其整体交通组织的把握更是关键。设计中不仅要起到交通枢纽的作用，也要同时考虑行人穿行的便利。

（二）人性化

"人性化"是现代城市设计理论的主流方向，空间的人性化也是近年来讨论最多的问题之一。日本建筑师丹下健三曾说："现代建筑技术将再次恢复人性，发现现代文明与人类融合的途径，以至现代建筑和城市将再次为人类形成场所。"这里的"场所"，也包括下沉广场这个符合时代需要的广场类型在内。下沉广场同城市广场一样要满足人们社会生活的多方面需要，在解决了复杂的交通组织和地上地下空间过渡问题的同时，也要满足人们休闲娱乐、商业服务的需要。下沉广场更要注重下沉空间的尺度给人们带来的心理影响以及所形成的物质空间环境对人们社会性活动的影响。

要想设计出真正人性化的作品，就要综合考虑不同人群的生理需求及心理需求，切忌盲目追求所谓的形式艺术。真正的艺术应该是为人类服务的，而不应该违背人性关怀的宗旨。在设计中人性化的设计原则不仅体现在下沉广场功能的丰富性上，更体现在环境设计中对人们行为心理的思考和关注。只有抓住人们内心对广场空间真正的需求，才能提高场所的舒适度，使其具有独特的魅力。

（三）生态性

人类在建设城市活动中的生态思想经历了生态自发—生态失落—生态觉醒—生态自觉四个阶段。生态性原则就是要走可持续发展的道路，要遵循生态规律，包括生态进化规律、生态平衡规律、生态优化规律、生态经济规律，体现"实事求是，因地制宜，合理布局，扬长避短"。近年来，科学家们都在探索人类向自然生态环境复归的问题。下沉广场作为城市开放空间系统的一部分，也应当坚持生态性设计的原则。

（四）情感

情感是人性的重要组成部分，有了它的存在，空间才会富有生机，正因为如此，情感以及空间的情感化是人性化空间环境的有机组成部分。然而人口的聚集以及交通工具的迅速发展，使城市的空间结构日益膨胀和复杂，城市问题也因此产生。城市的迅猛发展使人忽略了自身的情感需求，一味追求功能化、经济化，机械化的价值观代替了以往的人本主义价值观，城市中的情感空间日益减少，灰空间、失落空间不断增加。

现代社会追求的情感空间的情景统一比过去具有更广阔的含义和特征。现代人的生活是丰富多样、自由自在的，人们需要的是类似于传统广场、街道带来的人性化感受的同时，又富有时代特征的多样化、平等、共享的城市情感空间。因此，在下沉广场景观设计中创造情感空间应当具备以下特征：

1. 宜人的尺度

应当按照人的感性尺度进行设计，空旷的大空间容易使人产生失落感，压抑的小空间使人产生紧张感。在对下沉广场的景观设计中应注重空间尺度，创造富有变化且多联系的小型化空间。

2. 舒适性

首先是要满足安全性要求，包括为人提供不受干扰的步行环境，不使空间产生视线死角，在夜间增加照明使人产生安全感。除此，还要满足人的私密心理。这样才能为人们提供一个身心放松、释放情感的环境空间；要考虑人们真正的心理需求，营造让人感觉亲切舒适的多层次空间环境。

3. 自然性

虽然生活在城市中，但是我们渴望回归自然。一个和谐自然的空间少不了植物和水景的应用。在下沉广场的景观设计中要合理应用植物与水体，创建自然和谐的公共空间。

（五）文脉性

文脉最早源于语言学范畴，它是一个在特定的空间发展起来的历史范畴，包含着极其广泛的内容，从狭义上解释即"一种文化的脉络"。文脉的构成要素非常多，大到城市布局、景点设置、地形构造，小到一幢房屋、一座桥、一尊雕塑、一块碑等，都是文脉的体现。当游人踏上一块陌生的土地，景观就是他们了解这座城市历史文脉的最直观途径。因此在设计一个下沉广场时，要时刻注意文脉的体现，既不能抛开不管，也不能生搬硬套盲目强求。在文脉设计中，具体要把握好以下原则：

1. 空间的连续性原则

空间连续性是指下沉广场虽然有相对明确的界线，但是在景观设计上不能脱离周围的文脉特点，要与周边的建筑和谐一致。

2.历史的延续性原则

历史延续性原则是在下沉广场的设计中要反映出这座城市悠久的历史文化特色。例如，哈尔滨市博物馆附近的一个下沉广场，独特的铁艺围栏显现出俄式建筑的风格，与哈尔滨整个城市布满的俄式风情的建筑交相辉映，彰显了这个城市的历史文化风采。

3.以人为本原则

以人为本的原则，也就是下沉广场的设计要考虑对人类生存方式与行为方式的支持。设计师必须了解设计项目所在的地区，其原有居民有着怎样的生产和生活方式，这种生产和生活方式有可能延续了数百年，有着丰富的民俗、文化的内涵。在设计的过程中，应当尽可能兼顾和观照原有的居民生产、生活方式，使其得以保存。

（六）时代性

人生活在特定的社会和特定的时代，审美观念受时代的影响。在下沉广场的景观设计中，除了要传承文脉的特色，也要注意体现时代的审美意识。我们既要借鉴前人的设计美学观念，更要以现代人的视点去研究设计美学，从而建立现代城市公共艺术设计的审美意识，指导下沉广场的景观设计，使广场既能体现当代都市风尚，又不失文化传承。

三、景观设计要点

（一）空间尺度

下沉广场尺度的处理是否得当，是广场空间设计成败的关键因素之一。下沉广场的尺度对人的感情、行为等都有巨大影响，既要有围合感，又不能使人觉得像掉在"井"里，要使在其中活动的人既能摆脱外界干扰，又不感到在地下。

1. 平面尺寸

芦原义信在《外部空间设计》一书中建议外部空间设计采用两种尺度方式：一是"十分之一"理论，即外部空间采用内部空间尺寸的 8~10 倍；二是"外部空间模数理论"，即以 20~25m 为外部空间模数。两种尺度方式反映了人们"面对面交往"的尺度范围，可以作为交往空间设计的重要参数。

2. 水平面与垂直界面尺度

资料显示，当下沉广场的界面高度约等于人与界面的距离时水平视线与界面上沿夹角为 45°，大于向前的视野的最大角 30°，因此有很好的封闭感。当界面高度等于人与界面距离的二分之一时（1：2）水平视线与界面上沿的夹角和人的视野 30° 角一致，这时人的注意力开始涣散，达到创造封闭感的底线。当界面高度等于人与界面距离的三分之一时（1：3），水平视线与界面上沿夹角为 18°，就没有封闭感。当界面高度为距离的四分之一时（1：4），水平视线与界面上沿夹角为 14°，空间的容积特征便消失，空间周围的界面已如同是平面的边缘。广场的尺度除了具有自身良好的尺度与相对的比例以外，还必须具有人的尺度，如环境小品的布置要以人的尺度为设计依据。

（二）绿化

经过精心的种植规划所创造出的纹理、色彩、密度、声音和芳香效果的多样性和品质，能够极大地促进广场的使用。人们能够被吸引到那些提供丰富多彩的视觉效果、绿树、珍奇的灌木丛以及多变的季节色彩的广场上。它们不仅能吸引行人进入下沉广场，而且能够大大提高进入者的环境感受。对下沉广场而言，在相对较小的空间内利用不同植物为在那里休憩或穿行的人提供视觉吸引物是很重要的。大多数人喜欢待在广场内是因为有赏心悦目的东西吸引他们的注意力。下沉广场中应选择羽状叶、半开敞的树木，这样使用者的视线能够穿过它们看到广场的不同部分。这类树木还能使强风穿过其中并得到消减。如果在下沉广场内部种植一些树木，它们会很快长得超过步行道高度，这样，即使广场除了穿行以外没有其他用途，这些树木的枝叶也能丰富街道体验。

（三）吸引物

提升下沉广场使用率的关键就是要有引人注目的东西能将行人吸引进来，广场的下沉尺度越大，吸引力必须越大。当然，广场必须为被吸引下来的人们提供合适的休憩场所以供人们欣赏周围的环境。下沉广场内可参与的公共活动也是吸引人们进入下沉空间的重要元素。

四、无障碍设计

由于下沉广场是由高差变化引起的，会在一定程度上造成不便与障碍，因此在出入口、踏步和坡道等处要考虑方便残疾人和老年人的设计方案。对于有着交通联系使用功能的下沉广场，更应考虑无障碍设计。出入口处要加大标识图形，加强光照，有效利用反差，强化视觉信息。地铺装材料要平整、坚固、防滑、不积水、无缝隙或大孔洞。只要有可能，广场的不同高差之间应当配置坡道，或者用坡道代替踏步。对于有电梯和自动扶梯的下沉广场，电梯的位置宜靠近出入口，候梯厅的面积应满足要求。自动扶梯的扶手端部外应留有轮椅停留和回转空间，并安装轮椅标志。应努力确保残疾人不会被排除在任何一个空间的使用之外。

第三节　地下综合体的水环境设计

水环境艺术设计，就是将水作为材料运用在空间设计中，配合其他材料综合运用，形成一个个区域的水空间，既能调节整个大环境，又能达到风格的统一，令空间品位升华。水环境之所以逐渐受到人们的重视，不仅因为水环境（诸如喷泉和瀑布）能为空间添加声音和动感，还因为它能把更多的氧气送到空气中，增加空气湿度。对地下空间设计来说，设计水环境的主要原因是它们能更好地将周围环境因素与空间内的整体氛围相统一，并且营造出一种处于大自然环境中的感觉。

此外，亦可依环境需要对水体做单独的设计，让其伴随空间的不同层次而加以改变。水景处理具有独特的环境效应，可活跃空间气氛，增加空间的连贯性和趣味性，利用水体倒影、光影变幻产生各种艺术效果。

一、表现形式

水环境有静态水环境和动态水环境之分，但其设计目的基本一致，即做到地下设计地上化。设计师通过设计把自然引入地下，使地下空间更加灵动。水环境所体现的形式十分丰富，常见类型有水帘、水幕、壁泉、涌流、管流、叠水、虚景等，而每一类型又有许多不同的表现形式。

（一）水帘与水幕

利用水起到分割空间和降温增湿的作用，一般都借助玻璃、墙体等垂直高大的物体来设计，使水从高处倾泻而下，形成一个垂直平面的水的帘幕，从而营造出一种朦胧的气氛，如现代很多餐饮空间的设计，就引用水幕作为隔断进行空间分区。

（二）壁泉

壁泉形式又可分为墙壁型和雕塑型。水顺着墙壁顺流而下，或从石砌的墙缝中流出成为墙壁型壁泉。此类水景易于营造一种小桥流水的情景。雕塑型壁泉则是将水与挂于墙面的雕塑结合，使水从雕塑的某个部位流出，常见的如狮头吐水、跃鱼吐水等。雕塑型壁泉占用空间小，且具有一定气势，是现在欧式、田园、中式风格装修中常见的手法。调和空间环境的组合，即建筑环境空间的整体美。彼得·沃尔克说："我们寻求景观中的整体艺术，而不是在基地上添加艺术。"从整体角度看问题，这是水环境空间设计的首要条件。

（三）涌泉

一般是水从水池底部涌出，在水面形成翻涌的水头，也可使水从特殊加工的卵石、陶瓷或其他构造物表面涌出。涌泉有流水的动感却没有水花飞溅，也没有大的声响，可以营造一种宁静的气氛，在地下空间中独具特色。

（四）叠水

它是一种利用水的连续高差，使水从构造物中分层连续流出的水景。这样的水景容易使人参与其中，是一种互动性强的水景设计形式。它占地空间比较大，不过相对来说是一种较易造的水景。

（五）管流

水从管状物中流出称为管流。以竹竿或其他空心的管状物组成管流水景，可以营造出返璞归真的乡野情趣，其产生的水声也可构成一种不错的效果。此水景多用于茶馆等高雅的地下空间环境，给人造成一种"高山流水"的感觉。

（六）虚景

此处的"虚"水是相对于实际水体而言的，它是一种意象性的水景，是用具有地域特征的造园要素，如石块、沙粒、野草等仿照大自然中自然水体的形状，来营造意象中的水。如地中海风格中的沙石墙面、贝壳、海螺等元素的代入都是为了强调海洋的理念，虽然设计中没有出现"水"，却给人一种"水"的感觉。

二、设计要求

（一）功能性

水环境的基本功能是供人观赏，它必须是能够给人带来美感，给人赏心悦目的体验，所以设计首先要满足艺术美感。但是随着水环境在地下空间领域的应用，人们已经不仅满足于观赏要求，更需要的是亲水、戏水的感受。设计中可以考虑将各种戏水旱喷泉、涉水小溪、戏水泳池、气泡水池等引入设计中，使景观水体与娱乐水体合二为一，丰富水环境的功能。

水景具有微气候的调节功能。水帘、水幕、各种喷泉都有降尘、净化空气及调节湿度的作用。尤其是它能明显增加环境中的负氧离子浓度，使人感到心情舒畅，具有一定的保健作用。

（二）整体性

人们对建筑景观的第一印象不是建筑造型的独特和出类拔萃，而是它与周围环境的协调程度。协水环境是工程技术与艺术设计结合的产品，它可以是一个独立的作品。但是一个好的作品，必须要根据它所处的环境氛围、建筑功能要求进行设计，地下水环境局限性要比室外水景局限性大很多，所以要充分考虑地理位置、空间大小、景观植物的配置等，并且必须与地下设计的风格协调统一。

（三）经济性

在总体设计中，不仅要考虑最佳效果，同时也要考虑系统运行的经济性。不同的水体、不同的造型、不同的水势，运行经济性是不同的。如在北方比较缺水的城市，居住环境中的人工水环境设计应加以充分利用，应以小而精取胜，尽量减少水的损耗。在设计的过程中，设计师应考虑到水体的养护问题，使其真正做到"流水不腐"，在选材时应注意，自然的材质看起来最容易与水融合，木材、石头、玻璃和陶土可以与水和植物形成最佳的组合，从而让使用者感到与大自然更亲近。

（四）文化的可持续性

文化的可持续性体现为传统与现代的结合、本土化的设计等。一个优秀的设计作品不仅要与周围的自然环境浑然一体，同时必须具有文化内涵，要与民族文化传统融为一体。

（五）可靠的技术支持

景观设计一般由建筑、结构、给排水、电气、绿化等专业组成，水景设计更需要水体、水质控制这些关键要素。如何使区域内的水位保持恒定标高、如何使水质达到设计要求，这些都需要强大的技术支持。

（六）生态审美性

生态审美在注重景观外在美的同时，更加注重景观的内涵。其特征有：①生命美。作为生态体系的一分子，景观要对生态环境的循环过程起促进而非破坏作用。②和谐美。人工与自然和谐共生、浑然一体，在这里和谐已不仅是指视觉上的融洽，还包括物尽其用、可持续发展。③健康美。景观服务于人，在实现与自然环境和谐共生的前提下，环境景观应当满足人类生理和心理的需求。

模拟自然的水体生态景观，对于生物多样性、景观异质性和景观个性都是有利的，并能促进自然循环，以稳定的城市栖息地生态走廊的框架来实现水资源可持续发展的原则。

三、设计功效

（一）净化环境和消除噪声

水，纯净、清爽。水的声响对人有宁神镇定的作用，潺潺的水声非常悦耳，流速缓慢的水声像蝉声一样能使空间变得更加恬静，喷泉的水声在大的空间里会压制人的喧闹声和周围的嘈杂声。因此，在地下设置水景，不仅能净化空气，而且能缓和并掩盖地上交通的噪声。

（二）降温

在地下空间内设水面，能利用蒸发来降低地下建筑室内的温度，环境中的人工水帘、水幕和喷泉可以提高蒸发降温的效果。近年来，在建筑的玻璃外壁上应用水幕、挂流以及在墙上设置叠水和壁泉等实例日益增多。这种水景景观效应好、有动感，还有降温作用。

（三）增益于景观

水体受自然地理环境影响与制约，它的形态变化也对环境产生影响。水可能是所有景观设计元素中最具吸引力的一种，它极具可塑性，可静、可动、可发出声音，可以映射周围景物，所以可单独作为艺术品的主体，也可以与建筑物、雕塑、植物或其他艺术品组合，创造出独具风格的景观。在有水的景观中，水是景致的串联者，也是景致的导演者，水因其不断变化的表现形式而具有无穷的迷人魅力。

第四节　地下综合体的绿色植物环境设计

无论是在室内空间还是在室外空间，植物都是柔和视觉线条最好的景观元素。地下空间的规划应纳入大自然的景观元素，绿色植物可以作为地下室内中庭空间的一个主要视觉因素，即使在狭小空间中，植物也可以成为趣味视觉中心。

植物的形式可以很复杂，也可以以相对透空的植物划分空间，透过植物间的缝隙，绿化创造出丰富的视觉效果，使人们感到空间的延伸。植物也可以和光一起使用，从而产生自然多变的光影效果。应选择耐阴性强的植物，通过富有层次感的植栽设计，使地下空间的环境更加清新自然。

由于受到地下空间的限制，许多大自然的生态因素不能被引入地下空间，最适合地下空间的生态因素是水生植物，因此，一般将生态与水体这两个景观元素放在一起经由水体设计，搭配水生植物，增加水体的丰富性。

一、绿化效果与作用

众所周知，绿化是地面自然环境中最普遍、最重要的要素之一，绿色植物象征生命、活力和自然，在视觉上最易引起人们积极的心理反应。

将绿化引入地下空间环境，在消除人们对地下与地上空间视觉心理反差方面具有其他因素不可替代的重要作用。总结起来，地下空间环境中的绿化具有以下效果与作用：①在视觉心理上增加地下空间环境的地面感，减少地下与地上视觉心理环境的反差和人们对地下空间的不良心理反应；②适度平衡和净化空气质量、调节温度、吸收噪声，提升地下空间环境质量及美学质量；③组织和引导空间，有助于地下空间与地面外部空间的自然引导过渡、空间分隔与限定、空间暗示与导向等；④增加异质性和亲近感，丰富地下空间的表现力，满足人们回归大自然的心理渴望；⑤在调节精神、放松心情、营造舒适性，尤其对调节视觉、消除疲劳和紧张感方面具有独特作用，在火灾发生时能够抑制火情、防止火势蔓延，对地下建筑起到保护作用。

二、绿化方式

根据地下空间内部环境特性及植物种植习性，可将环境绿化分为四种基本类型：固定种植池绿化、立面垂直绿化、移动容器组合式绿化和方便种植的水体绿化。

（一）固定种植池绿化

固定种植池绿化是在地下空间内部设立固定种植池，利用植物直立、悬垂或匍匐的特性，种植低矮灌木或攀缘植物。因地下空间绿化是在建筑结构上再做绿化，其特殊性应从三个方面加以考虑：①需要考虑建筑物的承重能力，种植的重量必须在建筑物的可容许荷载以内；②需要考虑种植池快速排水的能力，否则植物烂根枯萎，很难存活；③需要保护建筑结构和防水层，植物根系具有很强的穿透能力，可能会造成防水层受损而影响使用寿命。

（二）立面垂直绿化

立面垂直绿化是利用植物沿地下空间立面或在其他构筑物表面攀附、固定、贴植、垂吊形成垂直面的绿化。垂直绿化不仅占地少、见效快、绿化率高，而且能增加地下空间的艺术效果，使环境更加整洁美观、生动活泼。在地下空间装饰中，精心设计各种垂直绿化小品，如藤廊、拱门、篱笆、棚架、吊篮等，可使地下空间更有立体感。垂直绿化具有绿化投资少、效益好，省时、省地、省资源，改善环境质量等优点。

要做好垂直绿化，要选择好垂直绿化的材料，选择得当就能发挥它的最大效益。在选择材料时，一般要注意其功能、生态和观赏等原则。

（三）移动容器组合式绿化

移动容器组合式绿化即根据地下空间使用要求，以种植容器组合的形式在地下空间布置观赏性植物，可根据季节不同随时进行变化组合。可组合移动容器机动性大、布置较灵活，是地下空间应用最为广泛的一种绿化形式。

（四）方便种植的水体绿化

地下空间环境中的水体绿化是绿化领域思维定式的革命性改变。地下空间环境中水体的运用和植物的装饰，使地下空间更富观赏性和趣味性。水体绿化，就是在水中种植水生植物，或者种植水生浮盆，甚至可以让陆生植物在水体中生长。在地下空间中，只要有水池甚至缸、钵、碗等，都可以进行水体绿化。

三、环境绿化空间类型

依据地下空间环境自然光照条件的特殊性，我们将环境绿化的空间类型分为三大类，即全地下式空间、半地下式空间和下沉式空间。

（一）全地下式空间

全地下式空间即一般意义上的地下空间，是相对于具有自然光照条件的地下空间而言的，具有恒温恒湿、封闭独立、空气流动差等特点，其绿化主要是根据地下空间的内部特性选择合适的植物导入，并充分做好养护管理工作。

（二）半地下式空间

半地下式空间主要指地下中庭空间，它是相对于全地下式空间而言的，是重点绿化空间。半地下式空间既处于地下空间环境中，又具有一定光照条件，是地下空间内部的"室外空间"，当前一些具有太阳光导入的地下空间也属于此类。地下中庭空间是指在大型地下公共建筑中由多层地下建筑各种相对独立的功能空间围合并垂直叠加而形成的中庭空间。它一般有大型采光玻璃顶棚，可得到充沛的光照，其内部可进行自下而上的立体绿化，周围各层功能空间在水平方向又延伸扩展并交汇到中庭开阔空间，使得地下空间结构形成深邃、立体而丰富多变的层次。

（三）下沉式空间

下沉式空间是指与地平面有一个高差并连接地下建筑的出入口和地面的开敞式的过渡空间。它包括在大型地下建筑综合体中已较为普遍应用的下沉广场以及近年来比较流行的下沉庭院等。人们通过下沉广场从地面进入地下空间，可大大减少地上与地下的环境反差。沿下沉广场周围布置的地下各功能空间，通过大玻璃门窗或开敞通道，亦可得到一定量的天然光照和空间开敞感。下沉庭院是地下建筑的各功能空间，围绕一个或数个与地面开敞的天井或下沉式小庭院布局，并面向天井或小庭院开设大面积玻璃门窗等形成的。下沉式空间由于具有充足的光照条件，是地下空间中最理想的绿化场所，其绿化可以参照地面绿化方式进行。

四、设计方法

（一）全地下式环境绿化艺术设计

全地下式空间一般包括地铁车站、地下商业街、地下步行道、人防设施等。其绿化地点可选择楼梯、过道、墙壁、立柱、吊顶、墙隅、地下商铺内部等处，受空间大小制约，主要应采用移动容器组合式绿化和立垂直绿化。在空间条件允许的情况下，则可以适当利用固定种植池绿化和方便种植的水体绿化。全地下式空间由于自然光线受到严重的限制，其植物导入成为绿化成败的一个关键因素，需要选择极度耐阴且适应温室生长的植物，如八角金盘、桃叶珊瑚、厚皮香、油麻藤、吊兰等。

1. 楼梯

较宽的楼梯，可隔数阶布置一盆花或观叶植物，形成良好的节奏、韵律。在宽阔的转角平台处可配植较大型的植物；扶手、栏杆可用植物任其缠绕，自然垂落；在楼梯下部也可营造假山、喷泉等。

2. 过道

过道与走廊使水平空间相连，也会有一些阴暗、不舒服的死角，可沿过道用盆栽相隔一段距离排列布置，用造型极佳的植物遮住死角，封闭端头，可达到改善环境气氛的目的。

3. 墙壁与立柱

地下空间的墙壁与立柱通常使用广告、油画等无生命的装饰品，而绿化可以带来无限生机。一般来讲，缠绕类和吸附类的攀缘植物均适于立柱绿化。也可安装绿化箱，将植物固定在墙壁上挂栽，能提高绿化面积，美化环境，提高装饰效果。

4. 墙隅

植物的枝叶、花型、线条优美多姿，对地下空间内部角隅的生硬线条能起到很好的柔化、缓和作用。可以选择观景、观叶、观果植物组成配植组景，也可以配以优美的花草灌木组景。

5. 吊顶

吊顶往往是极具表现力的地下空间一景。它可以是自由流畅的曲线，也可以是层次分明、凹凸变化的几何体等。用天花板悬吊吊兰等植物，是较好的构思。

6. 地下商铺

其内部多用盆花、插花装点，同时对花盆、套盆、花架等可移动容器的选择更加讲究。

（二）半地下式环境绿化艺术设计

如前文所述，半地下式空间主要为地下中庭空间，其绿化设计可根据中庭大小、需求的不同，组合拼装，即在地下公共空间将各种绿化景观元素进行拆分组合、拼装，建成小到两三平方米，大到几十平方米的小型绿色园林。在这种小型园林中既可采取固定种植池绿化、方便种植的水体绿化，也可采用移动容器组合式绿化组合造景。另外，中庭空间一般具有多层建筑围合的立面垂直叠加空间，因此，非常适合沿着内部阳台进行立面垂直绿化。选择能适应半地下式空间的植物种类是绿化设计的基础。即使是在设有玻璃顶棚的地下中庭空间中，日照时间和强度仍会小于室外的情况，为植物提供的环境条件与自然界差别也较大。因此植物应尽可能选择源于南方的短日照植物以及原产于热带、亚热带的耐阴性植物。

由于中庭以垂直空间为主，所以主要采用种植池种植的设计形式，其内部植物中乔木的自然生长高度与宽幅应与中庭体量相适应。竹子、棕榈科和榕属植物能较好地适应中庭恒温少光的小气候，成为主要乔木的首选。而对于大体量的中庭，秀气挺拔的竹子、高大粗壮的高山榕、多姿多彩的酒瓶椰子等都是不错的选择。

移动容器组合式绿化要以常绿观叶植物为主，配置各类有季相变化的植物、花卉等。除此之外，植物还应与中庭空间中其他景观元素，如雕塑小品、水体等在风格上有所联系，或协调统一，或衬托对比。

立面垂直绿化一般选择爬藤和垂吊植物，使其贯穿在中庭空间，如常春藤、绿萝、吊兰等。绿化设计所营造的丰富室内空间以及建筑小品等共同组成了具有人性化的公共空间，贴近自然，使人们流连忘返。

（三）下沉式环境绿化艺术设计

下沉式空间绿化大部分可以参照地面绿化，其与地面绿化设计最大的不同之处在于下沉式空间一般具有跌落状退台以及围合垂直面。设计时不仅可在下沉地面设置固定种植池、水池喷泉等，适当布置移动组合式绿化，还可利用围合垂直面以及退台进行各种立面垂直绿化设计。

下沉式空间通常是人流密集的场所，其绿化不宜大面积种植草坪等遮阳效果差的植物，其植物选择应做到因地制宜。可以设种植池进行点缀，栽种各种大型树种，做到立体绿化。还可种植各种移动式季节性花卉，或者种植一些常青小乔木以增大绿量。对于下沉式广场，由于与地面有一个落差，适合布置小型瀑布等水景。植物、水帘、水声以及溅起的水花可以增添景观的生动性和趣味性。

第五节 光环境艺术设计

一、影响因素

通过资料的整合和调研的分析可知，地下空间照明设计由功能性照明和艺术性照明组成。功能性照明从实用功能出发，根据空间的不同，合理地分布照明器材，是满足基本地下工作运行需求为主的照明。艺术照明从人的视觉感官出发，运用光色和照明手法营造不同的空间艺术氛围，协调和美化空间环境，是满足人的视觉和心理需求作用的照明。

在地下空间照明设计中，不仅要注重一般照明、标识照明、应急照明等传统意义上的功能照明设计，还要关注照明的艺术性和人性化。照明的设计应满足指示性、安全性、舒适性和艺术性。这就要求我们传承和发扬传统的照明设计手法，结合现在的照明设计技术手段和理念，达到现代地下空间照明设计的要求。

（一）空间的视觉层次

我们知道，在展览建筑空间的设计中，要对参观的路线进行合理安排，对参观者获取展示的信息进行分时间和分区域展现，这样做不仅使得视觉上有不断更新，而且展示的空间场景信息也更容易被识别和获取。在地下空间中，人们对指示信息快速获取的需求比展览空间中更加明显，所以通过照明设计来加强和突出这些信息的识别是一个行之有效的手段。

在地下光环境设计中，首先要对空间所涉及的信息进行整理，根据空间功能的不同，明确区分重要和次要空间，以确定照明的重点。通过分析地面、墙面、广告灯箱、艺术品、标识牌等空间元素，分析其包含的信息对行人的重要性，对其进行一般照明、重点照明、特殊照明的先后顺序区分，确定照明层次。通过照明层次来表达空间的层次性，使得人们观察空间的目光通过照明的引导进行舒适自然的移动。当需要表现多个空间层次的时候，应该协调和均衡考虑对多个视觉焦点的组织，避免照明的杂乱无章，造成通常所说的"眼花缭乱"。适当的明暗对比也能加强空间的变化和层次，通过调整照明的明暗，由明向暗或者由暗向明的变化，会从视觉感知上造成空间打断和分割，形成层次效果。

（二）空间的节奏感

节奏是指事物有规律地变换和重复，从而形成一定的韵律美感。通过照明手段来达到空间的节奏感，就是利用光的物理特性、分布构图、控制投射角度方式等手段，造成光的明暗、虚实，从而限定空间，改变空间比例。通过视觉改变来影响人们对空间的心理感受。格式塔学派指出，通过连续、相似的图形能刺激和加强人的视觉感官反应，造成良好的视觉效果。因为相似的元素进行有序重复的排列构图，能够对人的大脑进行反复刺激，使得人与排列的元素进行反复的"对话"和"交流"，使信息在大脑中反复整合，建立明确的认知系统，增强人们对认知对象的识别。

（三）空间导引性

地下空间中往往要通过复杂的诱导标识系统来引导人们辨别方向和识别位置。由于人们文化意识的多样性和差异性，长期接受各种各样的符号信息，同一种符号并不能让所有人都理解。如何快速地分辨方向和识别位置成为一件困难的事，需要设置合理、明晰的标识指示系统来做正确的提示，引导人们的行为。适当地利用照明增强空间的层次性，对人视觉辨向和定位进行辅助补充，空间的导向性效果会更好。

光照的明暗变化能直观地被人感受到，改变人的视觉焦点，引导人视线的转移。灯光的明暗变化调整，可以作为加强地铁空间环境导向性的一种很好的手段。另外，明亮的光照容易形成人流的聚集，成为主要的活动空间。设计师可以根据人的趋光心理，通过调整灯光的明暗和色温来划分空间，区分主次空间的照明效果，合理地调整行人的聚集区域和逗留时间，将人们趋光心理作为隐性的引导元素应用在地下照明中。用灯光指引辅助指示牌上的文字指示信息，可以减少人们的逗留时间，达到快速有效疏散的目的。这种方式也能够被人认同并接受。

（四）空间氛围

考虑到光的特性，不同颜色和色温的光会给人们带来不同的视觉和心理感受。在设计中应针对不同功能的空间分别选择不同的光源，营造不同需求的空间氛围。

采用不同的光源照明方式也能营造不同的空间环境氛围。如常用的高照度、配白光，亮度高，在没有特别进行照明设计的情况下，整个照明环境效果均质通透，严肃感强；如要营造轻松感较强空间，就需要亮度低、柔和的光照；色彩偏黑、暗淡的光会降低人们对空间的识别和认知，带来不适、压抑感。在地下空间的光环境艺术设计中，应充分认识不同空间功能，灵活合理地利用光的色温、照度等特性以及照明方式来限定空间，调整空间，突出和优化空间氛围，创造出舒适快捷又协调统一的光环境。

避免眩光也是营造良好空间氛围需要考虑的问题之一。有无眩光是评价地下空间光环境品质好坏的基本要素，由于地下照明光源和分布方式的不同，会不可避免地造成一定量的眩光。眩光主要是由于高度分布不适当，或亮度变化的幅度太大，或空间、时间上存在着极端的对比。眩光会形成过亮不协调的光斑和光晕，阻碍人们视觉对空间的真实观察和认知，破坏和降低人们的视觉效率，分散注意力，造成眼睛的不适，严重的眩光和长时间在眩光的光环境下活动会损害视力。所以在地下光环境艺术设计中应注意避免眩光，选择适合照度、数量的光源，灵活控制光源的布置和照射方式，减弱和消除眩光对人们认知空间的影响。

影响空间氛围的因素还有光照水平，光照水平的不同，主要影响光的照度和亮度两个物理特性的表现，即影响人们对光照照度和亮度的主观认识。例如，同一照度的光源采用不同光照方式，人眼会对其表现的不同光照亮度和强度有不同的感受和评价。可以简单地理解为，光照水平的不同会影响光源进入人眼的光通量，从而影响人们对光环境的认知和感受，达到营造不同空间环境氛围的目的。

（五）装饰材料

空间的装饰材料是塑造空间的重要元素，材料的选择直接影响着照明设计。材料的固有色和材质表面的反射系数对光环境的影响很大。同一光源照射在不同颜色材料表面上，会给人不同的视觉感受。不同的光色配合不同的材质，会形成不同的照明效果，设计者可以根据空间的功能和表现需要，合理地搭配选用，创造出舒适丰富的空间。材料的反射率不同，通过吸收和反射，会产生不同照度的反射光，也会直接影响空间的整体亮度和空间氛围。

（六）内部结构

在地下空间光环境设计中，照明设计应该密切结合地下空间环境中的空间结构设计整体综合考虑，进行多样布置和艺术处理，使得空间功能与艺术装饰相辅相成。照明不仅能起到装饰艺术的美化作用，还能彰显建筑结构的构造美，与之协调并完美结合，二者共同创造空间的艺术氛围。照明可以突出或者强调需要特殊表现的构件，也可以利用照明的一些手段，视觉上弱化或隐藏不必要的建筑构件，同时建筑构件也可以作为光源的一些装饰"灯具"，隐藏或者遮挡一些光源光线，结合漫反射光的柔和照射达到理想的光照效果。

当空间环境具有艺术性需求时，光照应配合和烘托结构，使得人们感觉到空间与结构的感性，烘托出丰富的空间艺术氛围。当人们不再把结构仅仅看作承重或支撑构件而将其作为具有丰富表情的表达语言时，结构才真正展现其感性的一面。用光表达结构空间的感性已成为近期地下综合体空间设计的重要理念。

二、自然光的作用

（一）生理作用

自然光作为生命之源，对地下空间使用主体的生理作用至关重要。从成分上分析，自然光由紫外线、可见光和红外线三部分构成，其中与人的生理活动最为密切的是紫外线和光谱中的可见光部分。就人自身的生理需求来说，适当的日光照射可以促进人的血液循环、预防骨质软化症等疾病。

在地下空间中，自然采光与环境的作用体现着使用主体的生理需求。

举例来说，地下环境的密闭性会导致空间中细菌、病毒的滋生，利用自然光的杀菌效果，可以为人们创造健康、洁净的空间环境。此外，地下空间的闭合环境使得内部空气流通较差，进而造成内部空间的潮湿阴冷，通过自然光的引入，可以在一定程度上提高内部空间温度，并可促进内部水分蒸发来保证环境的干爽，在一些地下空间中，利用中庭的设置甚至可以实现空气的自然流通。通过对地下空间湿度、温度、通风等小气候的调整，自然光可以使其属性更加趋近自然，这也是满足使用者生理需求的重要手段。

（二）心理作用

自然光对于人的心理影响主要表现为视觉上的刺激，这种刺激传达到大脑，与人的主观意识相互作用。这种影响早在古埃及时期即被用于建筑中，在当代的空间类型中，也存在众多利用自然光作用于人心理的典型案例。相对于地上建筑，自然采光在地下空间中对于使用主体的心理的作用更为明显。这种心理上的作用大致体现在以下三个方面：

1. 导向性

在地上建筑中，门、窗的存在为内部使用主体提供了参照物，人们可以透过门、窗看到外部空间，从而实现方向定位。对地下空间来说，其封闭性致使内部空间与外部环境相隔绝，造成外部空间参照物的缺失。这种参照物的缺失会造成使用主体的方向感减弱，进而导致其对空间导向产生误读。利用使用主体的趋光性，在地下空间中引入自然光可以为封闭的空间创造全新的参照系统，可以以光为载体为使用主体在空间中进行重新定位，在实际应用过程中，一定程度上避免了封闭式空间所存在的安全隐患。

2. 人性化

人的自然属性决定了对自然光的依赖，也决定其对环境的诸多需求。在人固有的思维中，地下空间通常与潮湿、黑暗联系到一起，而缺乏光照的封闭式地下空间更会使人产生压抑、缺乏自由等消极感受。在地下建筑中向外观景时受限制是人们对这种建筑物产生不满的一个原因。在城市地下有人的空间环境中，人们不论有意还是无意，都渴望利用设计手段将自然光引入地下空间，使空间的自然属性增强，这对于缓解多种负面影响具有非常积极的作用。此外，通过将采光界面与空间形态设计相结合，将外部环境引入内部空间中，将会改善空间的景观，这也是利用自然采光实现地下空间人性化的重要方面。

3. 空间营造

在不同光线作用下，空间会呈现出不同的氛围。利用自然光对空间进行塑造的方式历史悠久。相对于地上空间来说，地下空间对于光的作用更加敏感。因此，从内部需求出发，能对地下空间的自然采光进行设计，利用自然光的反射、折射、散射等传播方式，创造出强烈且多变的空间情感，实现空间艺术性的升华。

三、自然采光设计

在地下空间环境中，自然采光可增加空间的开敞感，改善通风效果，并在视觉心理上大大减少地下空间所带来的封闭单调、方向不明等负面影响。地下空间环境采光技术利用自然光线，尽可能多地将自然光线引入地下，从而充分满足工作、生活在地下空间环境中的人们对阳光的渴望。

在地下建筑中，自然采光不仅仅是为了满足照度和节约采光能耗的要求，更重要的是满足人们对自然阳光、空间方向感、白昼交替、阴晴变化、季节气候等自然信息感知的心理要求。同时，在地下建筑中，自然采光可增加空间的开敞感，改善通风效果，并在视觉心理上大大减少地下空间所带来的封闭单调、方向不明等负面影响。因此可以说，自然采光的设计对改善地下建筑环境具有多方面的作用，不仅仅局限于满足人的生理需求层次。

（一）高侧窗采光法

可在半地下室高出地面部分（约占半地下室高的1/3）的外墙上开设高侧窗以采光，或沿地下室外墙开设与地面相通的采光井，并朝向采光并开窗以获取自然光线。这种地下建筑自然采光形式适用于地下仓库、车库或某些业务办公等空间，此类空间通常附建于主体地面建筑，并且对自然采光在照度及视觉环境艺术上要求不高。

（二）天窗采光法

天窗采光又称顶部采光。它是在房间或大厅的顶部开窗，将自然光引入室内。这一采光方法在工业建筑、公共建筑（如博展建筑和建筑的中庭采光）中应用较多。由于应用场所不同，天窗的形式不一，可谓千变万化，难以统计。对于地下空间建筑采光法，根据不同的建筑功能，天窗形式主要有以下五种：矩形天窗、锯齿形天窗、平天窗、横向天窗、下沉式（或称井式）天窗。

（三）院式（天井式）

地下空间围绕一个与地面相通的下沉式小庭院或天井布置，并朝向庭院天井开设大面积的玻璃门窗以摄取自然光线。下沉庭院式地下建筑面积和规模都不大，较适于中小型文化娱乐或教学等使用功能的要求。

（四）被动式光导管采光

被动式光导管采光是让阳光从改进的采光口顶部射入，经过内壁涂有高反射材料的管体多次反射后，到达底部反光部件，可使地下空间内光线均匀，创造良好的采光环境。

（五）下沉广场

下沉广场常用于城市中面积较大的外部开敞空间（市中心广场、站前交通广场、大型建筑门前广场及绿化广场等），使地面的一部分"下沉"至自然地面标高以下，下沉深度一般为 4m 左右。下沉广场使广场空间发生正负、明暗、闹静、封敞等空间形态的变化。沿下沉式广场周边布置的地下建筑朝向下沉广场开设大面积玻璃采光门窗，或设通透的柱廊，使广场周边的地下空间与广场开敞的空间融为一体，既使地下空间得到自然采光，又使人们通过下沉广场进入地下空间，很大程度上减少地上、地下空间的差异感。采用下沉广场的地下建筑多为购物、文娱、休闲、步行交通等多功能公共活动类型。

（六）中庭共享空间式

地下中庭共享空间是由大型多层地下综合体的各层、各相对独立的功能空间围合并垂直叠加而形成的直通地面的中庭空间，其顶部所覆盖的大型采光穹顶，一般由空间网架加上采光玻璃面构成，既能躲避风雨、烈日、严寒等恶劣气候的影响，又能使中庭空间充满阳光，并能使围绕中庭的地下空间在一定程度上摄取自然光线。对大型深层地下建筑综合体而言，中庭起着接受阳光和光通道的作用；中庭内大量种植的花草树木、叠石、流水及喷泉等建筑小品在阳光的照耀和光影的变幻中，构成了生机勃勃的"地下立体"花园。由于中庭周围各层功能空间在水平方向延伸扩展并交汇到中庭开阔空间，沿垂直方向向上与地面开敞空间融合，使整个地下空间结构形成深远、立体而丰富多变的层次。地下中庭共享空间设计是改善大型、大深度地下建筑综合体内部空间环境的重要手段。

参考文献

[1] 杜学敏 . 自然与美：现代性自然美学导论 [M]. 上海：上海交通大学出版社，2022：10.

[2] 郝娉婷 . 洛阳名园记园林美学研究 [M]. 北京：人民出版社，2022：3.

[3] 刘悦笛 . 自然之美 [M]. 合肥：安徽文艺出版社，2021：10.

[4] 郜玲玉 . 环境美学对环境艺术设计的现实意义 [J]. 文学少年，2020（22）：35.

[5] 李超 . 环境美学背景下的工业建筑规划设计分析 [J]. 建材发展导向，2020（7）：26-27.

[6] 李天道 . 中国古代环境美学思想研究 [M]. 南昌：百花洲文艺出版社，2020：1.

[7] 张法 . 西方当代美学史 [M]. 北京：北京师范大学出版社，2019：12.

[8] 孙志远 . 景观设计与审美艺术研究 [M]. 哈尔滨：黑龙江美术出版社，2019：8.

[9] 王兆丰，任高，王丽娜 . 环境设计与美学理论应用 [M]. 长春：吉林文史出版社，2018：11.

[10] 陈波 . 美学视野下城市环境景观设计研究 [M]. 长春：吉林人民出版社，2018：11.

[11] 张振 . 环境艺术设计多维思考与美学应用 [M]. 长春：吉林美术出版社，2021.

[12] 陶明珠 . 中国传统艺术作品审美研究 [M]. 长春：吉林美术出版社，

2021.

[13] 刘萌. 环境设计实践与美学理论 [M]. 长春：吉林美术出版社，2018：2.

[14] 史庆丰，刘晨，侯佳. 中国传统民居建筑环境艺术与美学研究 [M]. 北京：中国轻工业出版社，2018：1.

[15] 郭琛. 基于美学视角下的环境艺术设计研究 [M]. 中国原子能出版社，2018：1.

[16] 赵警卫. 进化美学视角下风景园林循证设计 [M]. 徐州：中国矿业大学出版社，2018：8.

[17] 文志勇. 环境美学的凝聚与发现 [M]. 北京：九州出版社，2018：4.

[18] 陈望衡，邓俊，朱洁. 美丽中国与环境美学 [M]. 北京：中国建筑工业出版社，2018：3.

[19] 黄若愚. 论环境美学与景观美学的联系与区别 [J]. 江苏大学学报（社会科学版），2019（4）：84-92.

[20] 周艳梅，陈望衡，齐君. 环境美学视角下中国风景园林史教学研究 [J]. 园林，2021（2）：42-46.

[21] 薛富兴，李晓梦. 作为环境美学基础的自然美学 [J]. 鄱阳湖学刊，2022（3）.

[22] 赵一潼. 环境美学下的城市公园景观设计 [J]. 牡丹，2020（20）：93-94.

[23] 唐明阳，唐慧雯. 浅谈自然美学、环境美学及其联系 [J]. 百科论坛电子杂志，2020（12）：312-313.

[24] 程相占. 现象学与伯林特环境美学的理论建构 [J]. 南京社会科学，2020（7）：114-123.

[25] "美学·环境美学" [J]. 高等学校文科学术文摘，2021（3）：223-224.

[26] 于榕. 环境美学视阈下的园林建筑设计 [J]. 工业建筑，2021（11）：238-239.

[27] 艾伦·卡尔松，周思钊，程相占. 环境美学、伦理学与生态美学 [J]. 鄱阳湖学刊，2021（2）：25-37，124-125.

[28] 周艳鲜. 生态美学与环境美学的关系 [J]. 佳木斯职业学院学报，2018（2）：56-57.

[29] 王宇新. 城市建筑环境美学及色彩运用的研究 [J]. 中国房地产业，2019（14）：2.